Stefano Biancalana e Michele Marchianò

aggiornamento a cura di Giorgio Sarti

Nuova edizione

la Vespa

...e tutti i suoi vespini

GIORGIO NADA EDITORE

Giorgio Nada Editore s.r.l.

Coordinamento editoriale
Antonio Maffeis

Copertina e grafica
Ufficio grafico Giorgio Nada Editore

Redazione
Gaetano Derosa

Fotografie
Fondazione Piaggio
Roberto Donati
Museo Nazionale del Ciclo e Motociclo di Rimini
Archivio Giorgio Sarti
Archivio Giorgio Nada Editore

Ringraziamenti
L'editore desidera ringraziare quanti hanno collaborato, con materiale e documenti alla realizzazione di questa pubblicazione.
In particolare:
Archivio Storico Piaggio (Pontedera)
Roberto Donati
Museo Nazionale del Ciclo e Motociclo di Rimini

Per tutte le opere pubblicate dalla Casa Editrice è disponibile il catalogo presso:
The catalogue of Giorgio Nada Editore publications is available at the following address:
Giorgio Nada Editore,
via Claudio Treves 15/17,
20090 - Vimodrone (Mi)
Tel. +39-02-27301126 - Fax +39-02-27301454
Web site: www.giorgionadaeditore.it
E-Mail: nadamail@work-net.it

La Vespa ...e tutti i suoi vespini
nuova edizione - ISBN: 88-7911-213-9

SOMMARIO

Vespa

1946 - 1996

Questa pubblicazione è un omaggio alla Vespa che compie cinquant'anni. E come ogni regalo di compleanno vuole essere originale, a cominciare dal titolo: "La Vespa...e tutti i suoi vespini", dove la Vespa sta per la Vespa, e i "vespini" stanno per la miriade di sensazioni, di attività e di fenomeni di costume che, tutti insieme, hanno accompagnato e continuano ad accompagnare la sua vita e...la nostra vita. Perché la Vespa, in un modo o nell'altro, è con noi. Ci appartiene, come il ricordo del primo bacio a cui si torna sempre indietro con la memoria riconoscendone con esattezza il sapore, anche se magari non si riesce nemmeno più a ricordare il volto della bambina a cui l'abbiamo dato. La Vespa è in effetti un sapore di bambina. Non diteci che ha cinquant'anni! Un sapore non ha età: è sempre lo stesso. Quello della Vespa sa di fiori, di bosco, di frutta fresca, di mare e di montagna. Per cui chiudiamo gli occhi e ricordiamo....

INTRODUZIONE

IL SOGNO

DUE RUOTE CHE SEMBRAVANO QUATTRO

A cinquant'anni dalla sua nascita, la Vespa resta un mito insuperato e, ancora oggi, insuperabile.

Il suo primato non è infatti solo tecnico (nel frattempo si sono fatti molti passi avanti, ma l'idea originaria è rimasta immutata) e nemmeno solo storico (lo scooter è una invenzione tutto sommato precedente, che risale addirittura all'inizio del secolo). Indiscutibilmente costituisce invece un primato sociale. Più che un prodotto dell'industria, la Vespa è infatti anche un prodotto del costume. Interpretando la fantasia della gente, ha funzionato da cardine mentale; cardine che gli italiani hanno utilizzato per immaginare il loro futuro ed aprire quella porta che li avrebbe proiettati nel mondo moderno. E, assieme a loro, milioni di altre persone.

Qualcuno, riferendosi alla particolare situazione sociale creatasi nel nostro Paese nel dopoguerra, ne vorrebbe limitare il ruolo dicendo che la Vespa fu piuttosto un surrogato

Nel dopoguerra la Vespa rappresenta per le famiglie italiane il mezzo più accessibile e pratico per muoversi. In poco tempo le strade ancora dissestate del Paese cominciano ad affollarsi di questo originale scooter. La Vespa è ovunque, pronta ad assolvere i compiti più impensati che la fantasia della gente le affida.

dell'automobile e come tale un fenomeno subìto più che voluto. Come dire, citando Esopo, che bisognerebbe fare riferimento alla favola de "La volpe e l'uva": non potendola cogliere perché troppo in alto la furba bestiolina concludeva dicendo che quel frutto, dopotutto, nemmeno le piaceva. Una voglia dunque repressa in attesa di tempi migliori? Affatto. Gli italiani ne avevano fin sopra i capelli del caffé fatto con l'orzo, e per mandar giù anche un'auto fatta come uno scooter ci sarebbe voluto ben altro.

E poi la cultura dell'automobile non era così diffusa nel nostro Paese per immaginare che tutti sognassero di possederne una. Anche la Fiat Topolino, per quanto popolare, era infatti considerata dalla gente un mezzo ancora troppo "impegnativo" (la Fiat 500 B costava 660.000 lire, pari al prezzo di sei Vespa). Tanto che occorrerà aspettare altri dieci anni perché, con la Fiat 600, gli italiani decidano seriamente che è arrivato il tempo di comprarsi un'auto. Prima dunque gli italiani hanno sognato la Vespa per sé stessa e non perché poteva rappresentare, nel subconscio, un'altra cosa. L'amavano perché era così, abbordabile, concreta, vicina a loro (donne comprese). A questo mezzo originale e simpatico riconoscevano qualità molto preziose: l'essere parsimoniosa (il prezzo d'acquisto era contenuto), l'economicità della gestione, la grande funzionalità, la capacità di adattarsi ad ogni situazione: caratteristiche queste tutte tipicamente italiane.

Non fu dunque mai una mezza auto, la Vespa, ma, se mai, fu subito un'auto intera, anche se molto particolare. E poco importa che avesse due ruote, visto che di fatto faceva lo stesso servizio dell'altra che ne aveva quattro. Per capire a pieno il perché del suo successo basterà perciò dire che fu il mezzo giusto arrivato al momento giusto.

Motore: monocilindrico orizzontale due tempi, cilindrata 98 cc, potenza 3,2 CV a 4500 giri/min, carburatore Dell'Orto TA2 16/17, cambio a tre marce, lubrificazione con miscela 6%, velocità massima 60 km/h.

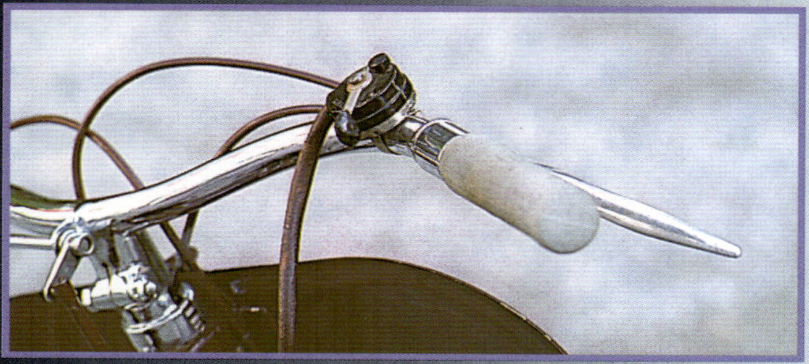

98

1946

Ecco la prima Vespa: la simpatica 98. Siamo nel 1946: dopo la guerra, il nostro Paese cerca di rimettersi in moto ma riparte in sella a uno...scooter. Il primo esemplare della Vespa Piaggio viene presentata nel mese di aprile e riceve anche la benedizione del cardinale Schuster. All'inizio pochi pronosticano un suo facile successo, con quel telaio di tipo aperto che non offre alle ginocchia il tradizionale appoggio del serbatoio, le piccole ruote, l'assenza del cavalletto, la meccanica talmente "gracile" da non sembrare affidabile. E invece...

PARTE I

IL PROGETTO

COME DA UN PAPERO NACQUE UNA VESPA

L'INGEGNER CORRADINO D'ASCANIO (POPOLI 1891- PISA 1981) PROGETTISTA DELLA VESPA, AL TAVOLO DI LAVORO. QUI ACCANTO, IN UNA COMUNICAZIONE DEL 2 DICEMBRE 1945 INVIATAGLI DA UN SUO COLLABORATORE, D'ASCANIO VIENE INFORMATO CHE IL PROTOTIPO MP6 DENUNCIA, SOTTO SFORZO, ALCUNI PROBLEMI DI SURRISCALDAMENTO DEL MOTORE. LA LETTERA È DATATA BIELLA DOVE LE INDUSTRIE PIAGGIO ERANO STATE TRASFERITE DURANTE LA GUERRA PER ORDINE DEI TEDESCHI IN RITIRATA.

Frutto di un'intuizione geniale, l'idea di ciò che sarà poi la Vespa incomincia a prendere forma all'inizio del 1945 quando la guerra tormenta ancora la Penisola. Fu infatti quello l'anno in cui Enrico Piaggio, immaginando l'evolversi dei tempi, decide che è tempo di cambiare. Deve, come si direbbe oggi, riconvertire la sua azienda, prepararsi ad abbandonare il settore aeronautico (che ne costituiva la base produttiva) e inventare qualcosa di nuovo: magari un mezzo di trasporto pratico ed economico che sarebbe servito a tutti per rimettersi in moto dopo la stasi imposta dal conflitto mondiale.

L'ingegner Vittorio Casini, incaricato del progetto in collaborazione con l'ingegner Renzo Spolti, realizza a Biella un primo prototipo di scooter Piaggio, siglato MP5, subito ribattezzato Paperino. Si tratta di uno scooter, privo di cambio, di concezione classica, con telaio a tunnel in lamiera stampata, motore Sachs in posizione centrale, completamente racchiuso dalla carrozzeria e uno scudo anteriore che si prolunga nella pedana di guida. Questo progetto però non

Biella 2/12/45

Sig. Ing. D'Ascanio

Si stanno proseguendo le prove della MP.6, attualmente unico problema è il raffreddamento poichè da rilievi fatti con la normale copertura del motore risulta che su strada leggermente in salita la temperatura sale rapidamente oltre i 300° ed è necessario fermare per lasciare raffreddare.

È stato rilevato che l'ingresso dell'aria si trova in una zona che l'aria è quasi ferma per effetto dello scudo, mentre la corrente passa a ~ 10 cm discosta.

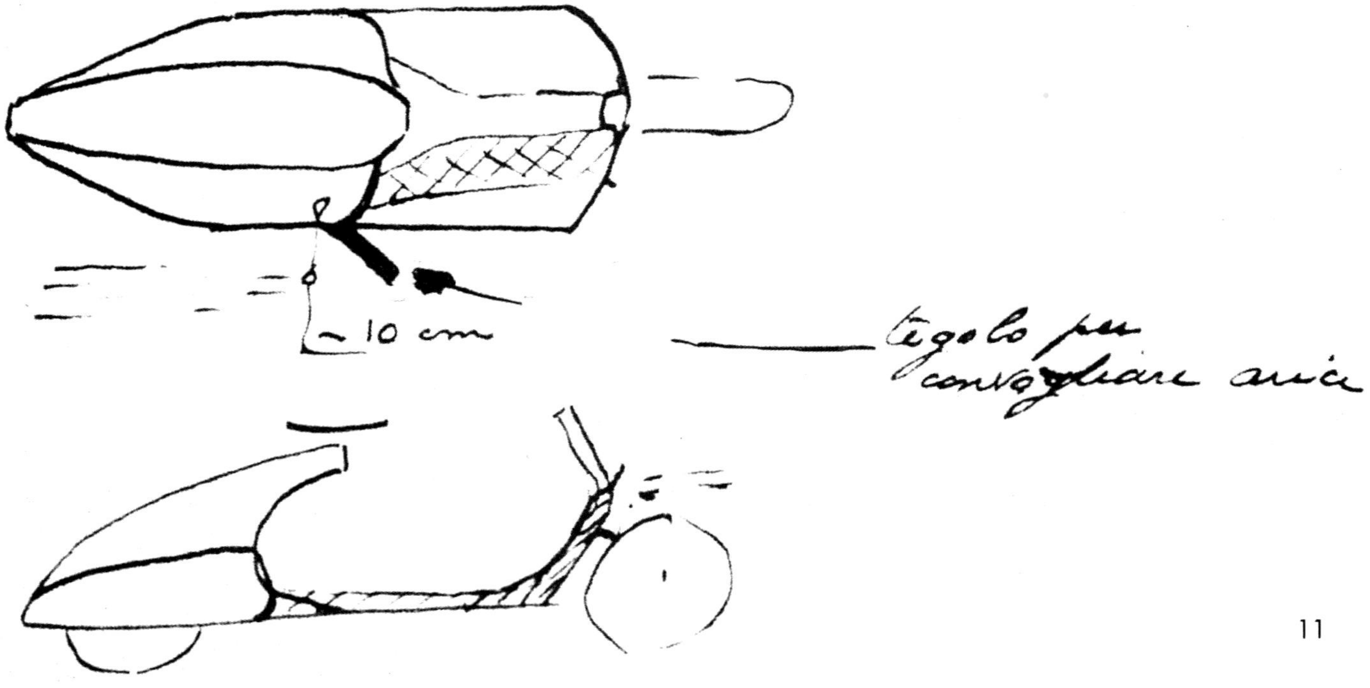

piace a Enrico Piaggio che evidentemente lo vuole più rivoluzionario e innovativo. Nella convinzione di ottenere una soluzione migliore, viene affidato a un ingegnere abruzzese, Corradino D'Ascanio (già allora affermato progettista aeronautico), il compito di ridisegnare completamente lo scooter immaginato, sperando che questa volta venga fuori qualcosa di più credibile e appropriato.

Ed è così che il brutto anatroccolo (Paperino), come nella favola di Andersen, rinasce cigno, anzi Vespa, nome che le viene dato ascoltando il "ronzare" di quel suo nuovo motorino di soli 98 cc.

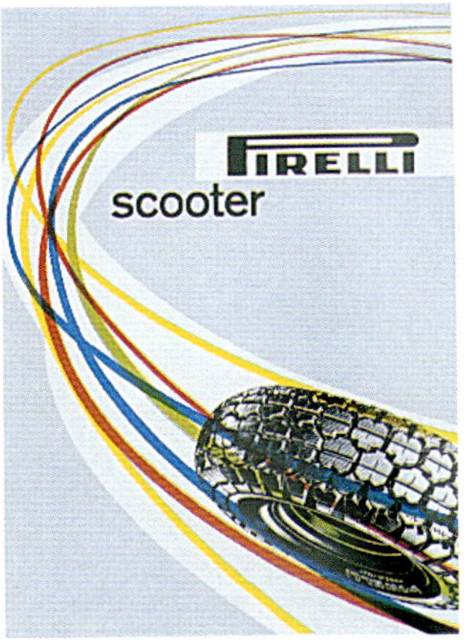

ENRICO PIAGGIO, CHE VEDIAMO QUI SOPRA ACCANTO ALLA VESPA GS (1963), NON ERA RIMASTO SODDISFATTO DEL PRIMO SCOOTER REALIZZATO DALL'INGEGNER RENZO SPOLTI. A SUO AVVISO IL PROTOTIPO, SIGLATO MP5 MA SUBITO SOPRANNOMINATO "PAPERINO" (NELLA FOTO A DESTRA), NON ERA ABBASTANZA ORIGINALE. CHIESE ALLORA ALL'INGEGNER CORRADINO D'ASCANIO DI FARGLI UNA PROPOSTA ALTERNATIVA. D'ASCANIO, APPREZZATO PROGETTISTA DI AEROPLANI E DI ELICOTTERI, TRASFERÌ SUL NUOVO MEZZO LE SUE ESPERIENZE AERONAUTICHE, REALIZZANDO UN PRODOTTO ASSOLUTAMENTE INEDITO E ORIGINALE.

D'Ascanio aveva concepito un mezzo del tutto originale, (siglato MP6) partendo da presupposti più consoni alla produzione automobilistica che a quella motociclistica; anzi, della moto egli aveva tenuto in considerazione soprattutto "i difetti di praticità e di impiego" che non le avevano in effetti mai consentito di raggiungere una diffusione capillare al di fuori della cerchia degli appassionati.

Lui inoltre non era mai stato un "motociclista" e tanto meno nella sua professione si era occupato di motociclette. Di esse conosceva soltanto l'aspetto esteriore che, peraltro, non gli sembrava per niente capace di attrarre il grande pubblico. Quando perciò si accinse alla progettazione del motoscooter utilizzò una mentalità del tutto nuova con l'intento di concepire un mezzo di trasporto che seguisse criteri intuitivi e fosse soddisfacente anche per chi, come lui, non era mai

stato un utilizzatore delle due ruote. In questa fase di genesi del progetto, Corradino D'Ascanio mantiene alcuni punti fermi. A suo avviso il nuovo veicolo deve avere alcune caratteristiche minime di comodità che ha riassunto in una serie di capitoli irrinunciabili.

Primo: una bucatura non deve costituire per il motociclista un problema risolvibile solo da un meccanico, come non lo è per un automobilista.

Secondo: il mezzo deve poter essere inforcato con facilità (e questo spinge il progettista verso una forma che ricorda quella delle biciclette da donna).

Terzo: la necessità della massima manovrabilità nel traffico cittadino impone che sia particolarmente agile. Il che vuol dire una guida che non richiede di togliere le mani dal manubrio.

Quarto: "Per non imbrattare i vestiti il motore deve essere distanziato e isolato dal guidatore e magari anche coperto".

Quest'ultima esigenza, assieme all'impossibilità da parte della Pirelli di fornire cinghie di trasmissione di qualità adeguata per garantire un ottimo funzionamento (la gomma era uno dei materiali più scarsi del dopoguerra), aveva indotto a posizionare cambio e motore sulla ruota posteriore, creando grazie alla trasmissione diretta e al cambio in linea, un compatto gruppo ruota-motore che ancora oggi è una delle prerogative della Vespa.

Molte altre caratteristiche tecniche D'Ascanio le derivò direttamente dalla propria esperienza e da quella della Piaggio in campo aeronautico, per cui, come lo stesso progettista scriverà: "Per alcune soluzioni fondamentali della Vespa, mi sono ispirato alle concezioni aeronautiche che mi sono familiari, ad esempio il supporto monotubo per la ruota posteriore (...). Per quello che riguarda il telaio mi sono ritrovato al di là della più moderna concezione automobilistica, perché la carrozzeria in lamiera è insieme telaio e per la sua particolare lavorazione offre una resistenza ancora maggiore del vecchio sistema a tubi. Anche in questa soluzione mi ha sorretto l'esperienza nel campo aeronautico dove la leggerezza dell'organo non deve pregiudicarne la robustezza".

Da tutto questo insieme di idee D'Ascanio, con l'aiuto del suo disegnatore di fiducia Mario D'Este, trasse in definitiva un veicolo rivoluzionario in tutti i sensi. Pratico, economico e per questo capace di motorizzare un'Italia ancora povera ma sicuramente non meno sensibile alle cose belle. E indubbiamente la Vespa, uno dei simboli più noti del design italiano, è bella. Al progetto occorreva comunque dare un nome. Venne scelto, come si è detto, quello di "Vespa".

...E la storia incominciò.

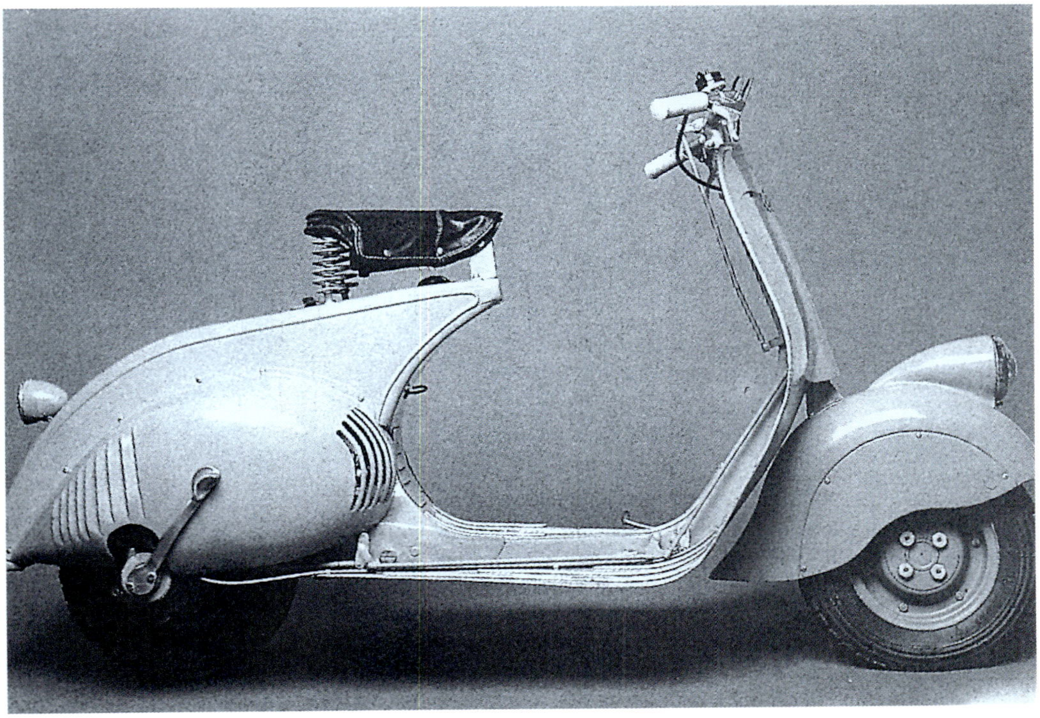

IL PROTOTIPO PIAGGIO MP6. IL NOME "VESPA", SUGGERITO DAL PARTICOLARE "RONZIO" PRODOTTO DAL MOTORE, LE VERRÀ DATO SUCCESSIVAMENTE. IN ALTO LA FOTO DEL PROTOTIPO PRESENTATA ALLA STAMPA.

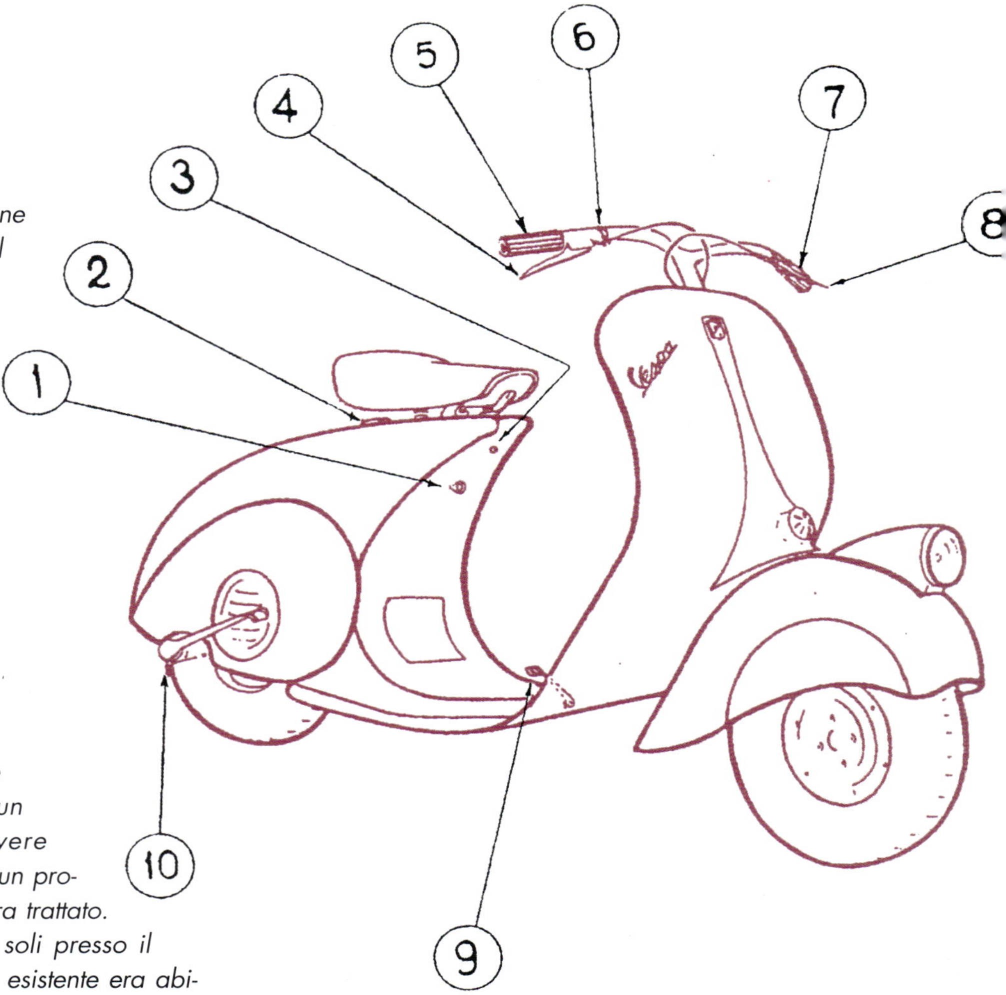

Il primo atto "ufficiale" è la presentazione della "motoleggera utilitaria Vespa" al Golf Club di Roma, presente il generale americano Stone, in rappresentanza del governo militare alleato. L'avvenimento viene ripreso dal cinegiornale statunitense Movieton. Prima ancora che la vedano gli italiani, la Vespa è dunque proposta agli americani. I nostri connazionali si devono invece accontentare della foto in bianco e nero apparsa, il 15 aprile del 1946, sulla copertina de "La Moto". Compiuto il primo passo, il secondo appare assai più difficile.

Per la Piaggio, entrare nel mercato delle due ruote con la Vespa comportava un sacco di problemi. Occorreva risolvere innanzitutto quello della distribuzione di un prodotto così diverso da quello fino ad allora trattato. Come potevano commercializzarlo da soli presso il grande pubblico quando la struttura già esistente era abituata a trattare solo e da sempre con pochi clienti e tutti di tipo istituzionale? I loro "vecchi" interlocutori erano le Amministrazioni Ferroviarie Italiane ed estere, i governi e i ministeri che richiedevano veicoli speciali. Una clientela particolarissima dunque, raggiungibile solo attraverso canali privilegiati.

La Vespa era invece un prodotto che si rivolgeva ad un pubblico assai più ampio e frammentizzato. Bisognava dunque inventarsi una distribuzione nuova, rivoluzionaria per l'azienda; inoltre era necessario un adeguato supporto pubblicitario. Si provvide comunque anche a questo, superando l'handicap della non esperienza con un certo coraggio.

La prima diffusione della Vespa ebbe infatti caratteristiche abbastanza originali che si risolveranno in scelte d'avanguardia; il suo iniziale collocamento sul mercato fu infatti affidato completamente a un'azienda appositamente costi-

La Vespa fa il suo esordio ufficiale in occasione della Fiera di Milano del 1946. Allo stand della Piaggio anche l'arcivescovo della capitale lombarda, cardinale Schuster, si ferma incuriosito ad ammirare la nuova realizzazione. Nella foto accanto uno scorcio dei magazzini Piaggio, a Pontedera, nel 1952. La produzione dello scooter è già affiancata da quella dell'Ape e dai motori fuoribordo Moscone.

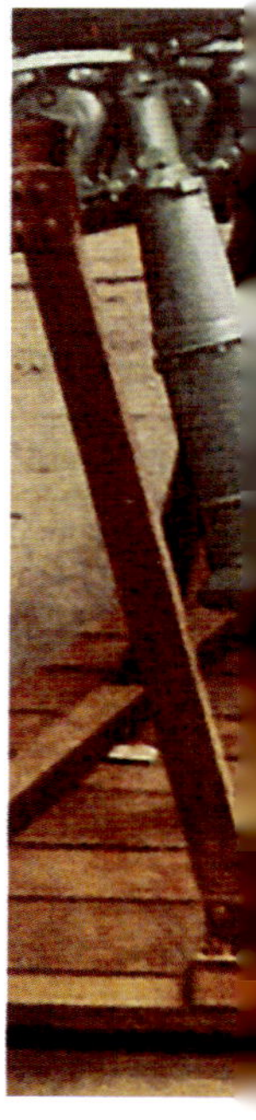

tuita: la SARPI (Società Agenzia Rappresentanze Prodotti Industriali). Si trattava di una piccola società fiorentina che Enrico Piaggio aveva rilevato in quegli anni e che era apparsa come la soluzione giusta al problema.
Rimaneva però un secondo ostacolo da abbattere: come organizzare una distribuzione capillare del nuovo prodotto? Si decise allora di rivolgersi a chi, in questo campo, aveva già una rete ben sperimentata. La prima proposta venne fatta alla Guzzi. Pare che, pur di avere una rete di vendita, Enrico Piaggio fosse disposto a commercializzare il suo nuovo scooter addirittura con il marchio della Casa di Mandello sul Lario. L'accordo però, dopo una serie di contatti, non andò in porto. Quelli della Guzzi consideravano infatti la Vespa un prodotto destinato a fallire. Non restò quindi che crearsi una rete di vendita propria, magari appoggiandosi a un'altra già esistente e più disponibile. Si decise di saggiare meglio il terreno. Il racconto che l'ingegner Barnato (uno degli azionisti della SARPI e forse l'uomo che più ha contribuito alla creazione dell'immagine Vespa) fa del primo approccio esterno della Vespa ha dell'avventuroso; gli uomini della Piaggio andarono, praticamente porta a porta, a mostrare le foto della Vespa ai concessionari Lancia (la scelta era infatti caduta su di essi nel tentativo di dare allo scooter un'immagine di prodotto di classe). A ognuno venne chiesto l'impegno a vendere un numero minimo di esemplari. La proposta ebbe successo. Secondo alcuni, in questo primo giro, furono firmati contratti in un numero tale da convincere la Piaggio a programmare una prima produzione di 7500 unità. Ma poi,

I COSTRUTTORI DI GIOCATTOLI NON PERSERO L'OCCASIONE DI REALIZZARE ACUNI MODELLINI DELLA VESPA CHE FURONO VENDUTI SUL MERCATO CON MOLTO SUCCESSO. QUI NE VEDIAMO DUE REALIZZATI DALLA INGAP NEL 1955. NELLA PAGINA ACCANTO UN SINTETICO DISEGNO INDICA I COMANDI E LE DOTAZIONI DELLA VESPA 125 DISPOSTI ANCORA SUL MODELLO 98 CC.

1. RUBINETTO DELLA RISERVA
2. TAPPO BENZINA
3. STARTER
4. FRENO ANTERIORE
5. MANOPOLA DELL'ACCELERATORE
6. CLACSON E LUCI
7. CAMBIO
8. LEVA FRIZIONE
9. FRENO A PEDALE
10. AVVIAMENTO

all'atto pratico, la vendita delle prime cinquanta Vespa al pubblico si rivelò più problematica. Ma questa situazione di difficoltà durò ben poco; dalla fine del 1947 la produzione iniziò ad aumentare e con l'uscita del modello 125 la Vespa si affermò definitivamente.
Particolarmente indovinata (considerata la mancanza di liquidità della gente) fu l'idea di offrire la Vespa con una vendita a rate. Nel 1948 per esempio la Vespa 125 viene offerta al pubblico ad un prezzo di listino di 168.000 lire (più 5050 lire di IGE); pagandola in contanti si versano 50.000 in anticipo (più 1500 lire di IGE) e le restanti 121.500 alla consegna. Lo scooter però è acquistabile anche con pagamenti dilazionati che vanno dai 10 ai 24 mesi (poi passati addirittura a 30 mesi). Questo meccanismo consentiva di entrare subito in possesso della Vespa versando esigui anticipi e scaglionando poi il pagamento tramite una serie di cambiali a scadenza mensile.
Superato questo problema la Casa di Pontedera dovette affrontare quello della pubblicità. Occorreva creare subito, attorno al nuovo prodotto, una immagine adeguata. E anche questa volta la cosa non fu per nulla facile. La Vespa era qualcosa di totalmente nuovo per poter sperare che bastava utilizzare gli abituali metodi di comunicazione. Bisogna avere ancora una buona idea.
E l'idea alla fine arrivò...

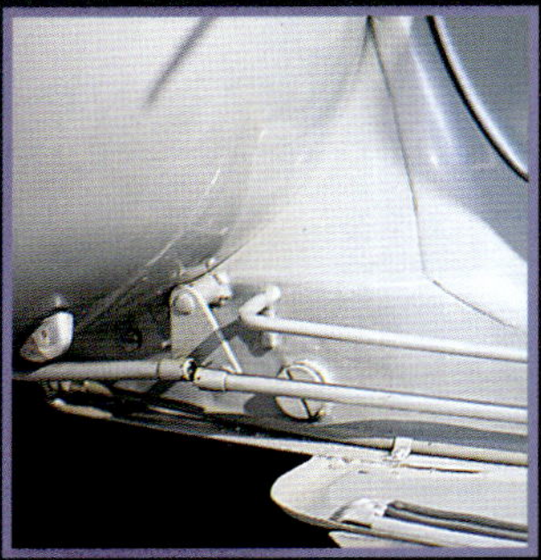

Motore: monocilindrico orizzontale due tempi, cilindrata 98 cc, potenza 3,2 CV a 4500 giri/min, carburatore Dell'Orto TA17, cambio a tre marce, lubrificazione con miscela 6%, velocità massima 60 km/h.

98

1947

Dopo un anno di produzione, la Vespa subisce qualche piccolo ritocco estetico e meccanico. Dietro il sellino, a richiesta, c'è un piccolo portapacchi in lamiera che, all'occorrenza, si trasforma in sedile per un passeggero. Risultano variate anche la leva della messa in moto, quella del freno posteriore e la sella con i suoi relativi attacchi. Il motore è l'infaticabile 98 cc che è in grado di toccare una velocità di punta di 60 chilometri all'ora. La vogliono in molti: per accontentare tutti si devono fare gli straordinari!

Motore: monocilindrico orizzontale due tempi, cilindrata 124,85 cc, potenza 4,5 CV a 4500 giri/min, carburatore Dell'Orto TA17, cambio a tre marce, lubrificazione con miscela 6%, velocità massima 70 km/h.

125
1949

Il 1949 è l'anno della definitiva consacrazione della Vespa 125. Esteticamente ricalca la linea della 98, ma differisce, oltre che per la cilindrata e le prestazioni, soprattutto per l'adozione della sospensione posteriore. Varia anche quella anteriore con la ruota (sempre a sbalzo) a sinistra anziché a destra del tubo di sterzo. Il cofano motore, incernierato in alto, diventa più comodo da sollevare. Il portapacchi metallico fa parte della dotazione di serie, così come il rubinetto della miscela che ora ha la posizione "riserva"

125 UTILITARIA

Per dare "proprio a tutti" la soddisfazione di possedere una Vespa, nel 1953 la Casa di Pontedera presenta un nuovo modello, la 125 U, ossia Utilitaria. Il nuovo modello è assai spartano ma non è comunque molto diverso esteticamente da quello base che però costa ben venti mila lire in più. Sulla Vespa Utilitaria compare, per la prima volta dalla sua nascita, una novità estetica importante: il faro alto sul manubrio, mai montato sui modelli per il mercato nazionale, ma già da diverso tempo in uso sugli esemplari destinati all'estero

Motore: monocilindrico orizzontale due tempi, cilindrata 124,85 cc, potenza 4,5 CV a 4500 giri/min, carburatore Dell'Orto TA17 B, cambio a tre marce, lubrificazione con miscela 5%, velocità massima 65 km/h.

Motore: monocilindrico orizzontale due tempi, cilindrata 124,85 cc, potenza 4,5 CV a 4500 giri/min, carburatore Dell'Orto TA17 B, cambio a tre marce, lubrificazione con miscela 6%, velocità massima 70 km/h.

125
1951

Il 1951 è un anno di grandi innovazioni per la Vespa: la più importante è l'eliminazione delle "bacchette" di comando del cambio, sostituite ora da cavi flessibili. La sospensione posteriore viene dotata di ammortizzatore teleidraulico. Cambiano poi la sella (più larga), il pedale del freno, il fanalino posteriore e quello anteriore (ingrandito e spostato indietro), il silenziatore e il braccio portamotore. Infine, un occhio di riguardo anche per il passeggero: la pedana viene prolungata all'indietro di 10 cm circa per favorire una sua più comoda sistemazione

PARTE II

IL MESSAGGIO

LA PUBBLICITÀ È L'ANIMA DELLA VESPA

Lo scooter non aveva mai riscosso un particolare successo fin da quando, all'inizio del secolo, simile a un monopattino a motore, si era affacciato alla ribalta della storia motoristica.
Nemmeno i successivi e più sofisticati modelli apparsi negli anni Trenta, così problematici per il loro capriccioso funzionamento, erano riusciti a convincere il pubblico dei motociclisti e degli automobilisti che li consideravano alla stregua di...giocattoli.
Enrico Piaggio sapeva che la sua Vespa era un'altra cosa. Lo sapevano anche i suoi collaboratori che pure

La pubblicità della Vespa all'inizio punta molto sulla convenienza del prezzo e sulle facilitazioni di pagamento. Poi passa a sottolinearne le qualità attraverso messaggi chiari, lineari: un elefantino spiega bene la robustezza dello scooter, mentre il sole ne interpreta il benessere. Più sofisticato il terzo messaggio, dove la Vespa (che non si vede) viene indicata come l'unico elemento mancante alla felicità di una coppia. Poi, quando saranno i giovani ad "impossessarsi" del sogno di mamma e papà, sarà il sintetico linguaggio dei fumetti a spiegare, con un semplice "Vrrooum", la grande prestazionalità della Vespa.

giuravano sulla modernità tecnologica del loro mezzo che non aveva nulla a che vedere con quanto era stato fatto prima. Ma come trasmetterlo anche alla gente, sempre così diffidente davanti a un prodotto nuovo?
Semplice: dicendo che era un mezzo nuovo, usando un linguaggio ugualmente nuovo. Fu anche questa un'altra intuizione geniale, soprattutto se si tiene conto che, all'epoca, l'idea stessa di una politica di marketing era quasi...fantascienza. Il messaggio comunque arrivò e la Vespa si trasformò anche in un successo commerciale.
Tra le tante spiegazioni che possono aiutare a capirne il perché, una fu sicuramente l'identificazione del nuovo prodotto con la figura del suo promotore, Enrico Piaggio. Questi era un uomo del tutto particolare, quasi uno snob nella sua purezza di imprenditore di stampo ottocentesco. Non amava la mondanità e frequentava una ristretta cerchia di selezionatissimi amici, tra i quali però c'erano alcune delle personalità più in vista del tempo; per cui veniva considerato un uomo particolarmente serio e molto affidabile, qualità che si trasferirono subito, per osmosi, sulla Vespa che se ne avvantaggiò enormemente. L'altra fu l'aver utilizzato, come si è

detto, la rete di vendita della Lancia. I concessionari della Casa automobilistica torinese aggiunsero del proprio alla Vespa trasferendo su di essa quell'immagine di eleganza e perfezione formale, propria delle loro vetture. Così accadde che anche il nostro scooter, che pure era un prodotto popolare, divenne nell'immaginario comune, sinonimo di classe, etichetta che ad esempio sfuggì alla Lambretta. Il pubblico ha infatti sempre avuto questa idea della Vespa che, ancora oggi, mantiene lo stesso primato tra tutti gli scooter.

Comunque la si giri è un "classico". Chi sceglieva Lancia, sceglieva un prodotto capace di distinguersi. Chi sceglieva Vespa, sceglieva le stesse cose. Per incentivare e pubblicizzare l'uso della Vespa, la Piaggio utilizzò anche un'altra arma, oggi ben nota agli uffici di pubblicità. Appena ne ebbe la possibilità, abbinò la Vespa a un personaggio famoso, soprattutto un "divo" del cinema, cui affidava, come accade spessissimo oggi in tutti i settori, il compito di "testimonial".
Così facendo innescò un processo di emulazione che si

OGGI LA PUBLICITÀ PARTECIPA MASSICCIAMENTE ALL'EVOLUZIONE DEL LINGUAGGIO, CONIANDO TERMINI SEMPRE NUOVI CHE POI DIVENTANO DI USO COMUNE. MA È STATA LA PIAGGIO AD ANTICIPARE TUTTI, NEL 1956, CON IL SUO "VESPIZZATEVI". QUESTO SLOGAN, TRA I PIÙ FAMOSI DELLA CASA DI PONTEDERA SARÀ SUPERATO, NEL 1969, SOLO DA "CHI VESPA MANGIA LE MELE".

IL TRIANGOLO "LUI, LEI E LA VESPA" È UN'ALTRA COSTANTE DELL'IMMAGINE PIAGGIO. LA VESPA DEGLI INNAMORATI DIVENTA ANCHE UNA INTERMINABILE SERIE DI CARTOLINE ILLUSTRATE CHE PER ANNI I FIDANZATINI D'ITALIA SI SPEDISCONO CON TANTI BACI E TANTI ABBRACCI.

nutriva da un lato delle spinte promozionali non indifferenti impresse dalla moda, dall'altro sfruttava l'attualità e il successo altrui. E la Vespa, messe le ali, prese così il volo...

Rispetto agli altri scooter che il mercato proponeva negli anni Cinquanta (non c'era Casa motociclistica che non si fosse buttata a pesce nel settore), la meccanica della Vespa era indubbiamente più evoluta e poteva vantare una concezione generale d'avanguardia e prestazioni superiori in termini sia di comodità di guida sia di confort.

Lo scudo anteriore proteggeva pilota e passeggero dalla pioggia e dal fango. La copertura completa del motore consentiva di salire in Vespa, come diceva D'Ascanio, anche con il "vestito della domenica" (che poi era l'unico per molti), senza paura di rovinarlo, dal momento che non ci sarebbero mai stati schizzi d'olio a imbrattarlo!

La possibilità poi di applicare un parabrezza, consentiva un uso abbastanza comodo dello scooter anche in inverno. Per questi e per moltissimi altri motivi la Vespa riusciva a risolvere il problema della mobilità anche per chi intendeva usarla tutti i giorni, soprattutto per andare al lavoro.

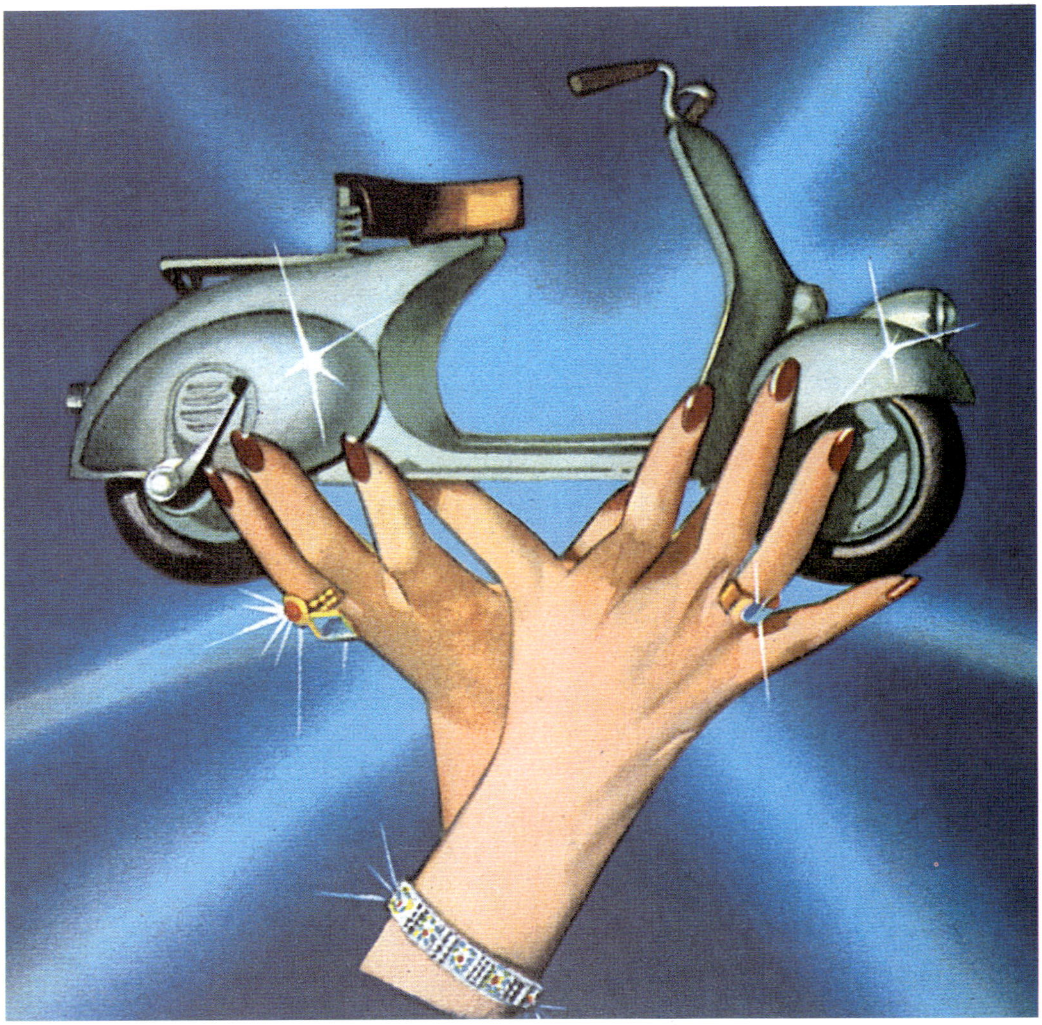

La Vespa fu perciò veramente una piccola vettura a due ruote, anche se in realtà ne aveva tre, visto che disponeva anche di...quella di scorta. Ma, all'atto pratico, era come se ne avesse avute quattro, in quanto riusciva a fare lo stesso servizio di una utilitaria, trasportando molto spesso l'intera famiglia.
Per cui risultava difficile catalogarla come semplice scooter. Sicuramente fu, in una volta sola, fedele compagna di lavoro, mezzo di divertimento, e perfino status symbol in un'Italia che sapeva accontentarsi...
La sua immagine rassicurante si contrapponeva intanto sempre di più a quella tradizionale della moto. Le classiche due ruote non vivevano, almeno in quegli anni, momenti di particolare successo, anche se dagli Stati Uniti arrivavano i primi segnali di una imminente rivoluzione giovanile ben rappresentata da uno sfacciato e contorto Marlon Brando a cavalcioni di una potente Harley Davidson. Il messaggio di "Fronte del porto" turbava ma non convinceva ancora.
La Vespa di Audrey Hepburn e Gregory Peck in "Vacanze Romane" invece era rassicurante, fresca e traboccava di simpatia! Tanto che molti manifesti pubblicitari Piaggio sfruttarono questo filone, presentando

LA VESPA, SCOOTER DI CLASSE: UN VERO "GIOIELLO" CHE NON SFIGURA AFFATTO TRA ANELLI E BRACCIALETTI. ANCHE QUESTO È UNO DEI TANTI MESSAGGI PIAGGIO CHE CARATTERIZZANO LE PAGINE DI TUTTE LE RIVISTE DEL MONDO, SULLO SLANCIO DI UN SUCCESSO CHE NON SEMBRA AVER MAI FINE.

LA "PREZIOSITÀ" DELLA VESPA ASSUME CONNOTAZIONI SEMPRE DIVERSE, E QUANDO ESPLODONO I PROBLEMI DEL POSTEGGIO: "COSA PUÒ ESSERCI DI PIÙ PREZIOSO DI UNA VESPA?". QUESTA LA RISPOSTA: "PER LA VESPA C'È SEMPRE UN POSTO. CON LA VESPA SI RISPARMIA TEMPO, PAZIENZA E DENARO..."

giovani coppie felici e innamorate in sella alla loro fedele Vespa.
Per consolidare la "bella" immagine così costruita, il 9 ottobre 1949 fu organizzata addirittura una visita al Pontefice Pio XII, al quale venne fatto dono di un esemplare dello scooter. Il Santo Padre, raccontano le cronache, benedisse la Vespa e dopo averne apprezzate le caratteristiche l'affidò a un padre missionario diretto in Estremo Oriente, facendo così di lei addirittura uno strumento di evangelizzazione!
Un ruolo particolarissimo ma non insolito. La Vespa infatti potrebbe interpretare alla perfezione qualsiasi ruolo pirandelliano. Non è stata infatti soltanto questo. Secondo le circostanze ha indossato, oltre al saio del missionario, ogni "abito" possibile e immaginabile: dalla tuta mimetica (ha coraggiosamente combattuto in Algeria e perfino in Vietnam...), agli abiti color kaki dell'esploratore africano o a quelli consunti del grande viaggiatore...
La Vespa insomma non ha tralasciato mai nulla per dimostrare la propria duttilità. Infatti, i responsabili della SARPI e in particolar modo l'ingegner Barnato e Renzo Tassinari agirono sempre su tutti i fronti, cercando di cogliere ogni occasione utile, comprese quelle negative.
Capitò ad esempio che i russi, per nulla rispettosi dei dovuti "diritti d'autore" e ben protetti dall'invalicabile cortina di ferro, copiarono la Vespa pari pari per poi lanciarla sul loro mercato come fosse "cosa loro". Dalla Piaggio arrivò sui giornali una risposta signorile quanto geniale: "I russi - diceva - per andare nello spazio hanno lo Sputnik, ma per andare sulla terra hanno bisogno della Vespa..."
La Casa di Pontedera fu presente, nel corso degli anni, anche a tutte le più importanti mostre e saloni motoristici, ma dove l'organizzazione commerciale della Piaggio dette il meglio di sé fu soprattutto alla Fiera di Milano. In particolare, nei primissimi anni di produzione della Vespa, la Campionaria venne sempre sfruttata per stupire l'opinione pubblica con allestimenti o iniziative particolarmente innovative, che riuscirono immancabilmente a conquistare le pagine dei giornali compresi quelli non specializzati.
Nel 1948 venne organizzato il raduno battezzato "Sciame d'argento": duemila vespisti si calarono su Milano e presenziarono all'apertura della Fiera,

lasciando tutti a bocca aperta. Nel 1949 lo stand della Piaggio fu il più visitato della rassegna milanese: questa volta era stata riprodotta per intero la catena di montaggio della Vespa. E il pubblico poteva assistere stupito alla sua costruzione.

Nel 1950 invece la Casa conquistò le prime pagine dei giornali portando a Milano un "Vespone" enorme, alto più di tre metri. Si trattava indubbiamente di iniziative eclatanti, tese a far parlare della Vespa non solo per i suoi indiscutibili meriti tecnici e utili, ma per conferirle l'aspetto di un prodotto sempre all'avanguardia e...alla moda. Tutto questo ovviamente traspariva dai commenti che la Vespa suscitava su tutta la stampa italiana e straniera. Il Neue Weiner Tageszeitung pubblicava, ad esempio, il 27 aprile 1950, una corrispondenza dall'Italia con questo significativo titolo: "Roma capitale della Vespa", mentre il Frankfurter Rudschum, qualche giorno dopo, osservava che "era ormai impossibile immaginarsi le strade italiane senza quei veicoli rapidi e vispi". Sulla stampa nazionale comparvero anche notizie un po' più particolari e curiose che, comunque, tendevano a rafforzare l'immagine della Vespa.

Il Messaggero dei febbraio 1951 presentò la Vespa come paladina della giustizia oltre che...più veloce della Lambretta: "Un movimentato inseguimento tra due motoleggere - riportava nelle pagine di cronaca - si è svolto ieri a Centocelle.

Due giovani, il diciassettenne Pasquale Di Somma e il ventenne Mario Vitali, adocchiata una Lambretta, vi sal-

IN QUANTI FILM LA VESPA HA FATTO LA SUA APPARIZIONE? SE NE POTREBBERO CONTARE A CENTINAIA. IL PIÙ FAMOSO RESTA "VACANZE ROMANE" (1953) CON GREGORY PECK E AUDREY HEPBURN. MA NON C'È ATTORE O ATTRICE DEGLI ANNI CINQUANTA E SESSANTA CHE NON SIANO SALITI ALMENO UNA VOLTA SU UNA VESPA. RICORDIAMO TRA GLI ALTRI MARCELLO MASTROIANNI, LUCIA BOSÉ, WILLIAM HOLDEN, MARISA ALLASIO E VITTORIO GASSMANN (NELLE FOTO).

tarono sopra, allontanandosi velocemente. Il proprietario Eugenio Nicolini si accorgeva subito del furto e chiamava due carabinieri, il brigadiere Alberto Del Vecchio e il vice-brigadiere Adone Stefanini. Costoro balzarono a bordo di una Vespa e si lanciarono all'inseguimento. Dopo mezz'ora di corsa, i ladri venivano raggiunti e arrestati al Prenestino". La Vespa negli anni Cinquanta era divenuta ormai un fenomeno di costume tale da svolgere un ruolo di protagonista anche nel cinema e nella letteratura. Nel 1950 la casa produttrice tedesca Jungen Film Union produsse un film musicale ("Il dottor Nachifalter") nel quale comparivano, per la prima volta sul grande schermo, venti Vespa.

Ovviamente la Piaggio promosse l'immagine del suo scooter anche tramite campagne pubblicitarie sempre particolarmente apprezzate.

Sin dall'uscita sul mercato della Vespa 98, infatti, si ritenne opportuno fornire allo scooter un sostegno adeguato in termini di informazione al pubblico, di motivazione all'acquisto e di presenza sulle maggiori testate italiane, specializzate e non.

Inizialmente la Piaggio aveva dato al pubblico soprattutto informazioni "tecniche" abbinandole a quelle sul prezzo, sulle forme di garanzia, sulla rete di assistenza e sulla crescita industriale dell'azienda. Poi si cambiò rotta e arrivarono le belle donne e slogans felici e sofisticati. Uno di questi, il più famoso, si basava sull'imperativo: "Vespizzatevi". Il primo manifesto così impostato fu realizzato nel 1956 ed è interessante rilevare come la Vespa venga considerata nello stesso tempo uno strumento di svago e di lavoro, utile perfino nelle campagne. La pubblicità della Vespa continuò naturalmente ad esaltare le caratteristiche tecniche del mezzo: la efficienza dei comandi raggruppati sul manubrio, le ruote piccole, l'accessibilità al motore, il piccolo ma funzionale bagagliaio e la possibilità di sostituire la gomma eventualmente forata (eventualità non del tutto pellegrina al tempo, considerata la qualità delle strade).

Quest'opera di pubblicizzazione fu talmente efficace che praticamente fin da subito la Vespa diventò un prodotto così denso di significati e di suggestioni da trasformarsi essa stessa in mezzo per reclamizzare altri prodotti.

Infine una vera esclusività: per vivacizzare il primo spettacolo televisivo italiano, trasmesso nell'aprile del 1953 in occasione della XXXª Fiera di Milano, assieme a molti personaggi dello spettacolo sul palcoscenico viene chiamata a sfilare con loro, diva tra tanti divi...anche la Vespa. Se mai ce ne fosse stato il bisogno, questa fu la sua definitiva incoronazione!

Viaggiare in Vespa è felicità. Dove c'è una Vespa c'è festa. La Vespa è un paradiso. La Vespa fa... miracoli! : "Infatti - recita uno slogan degli anni Sessanta- la Vespa abbrevia le vostre ore di lavoro e allunga le vostre ore di svago". Dopo un simile corredo di complimenti ben si giustifica il sorriso raggiante dell'attrice Angie Dickinson. Mentre non si capisce se la donna e il bambino che la rincorrono vogliono farsi fare l'autografo da lei o dalla vespa...

150 GS

La Vespa GS (Gran Sport), subito affettuosamente soprannominata "Vespone", è la grande novità che la Casa di Pontedera presenta al pubblico nel novembre del 1954. Per le sue caratteristiche sportive diventa subito uno dei modelli più apprezzati. Piace la sua linea aggressiva; soddisfa il motore da 150 cc; è molto apprezzato il cambio a quattro marce. Si caratterizza anche per avere una sella lunga, a due posti, ed è la prima Vespa con le ruote da dieci pollici. Ma soprattutto raggiunge la fatidica velocità di 100 km/h...

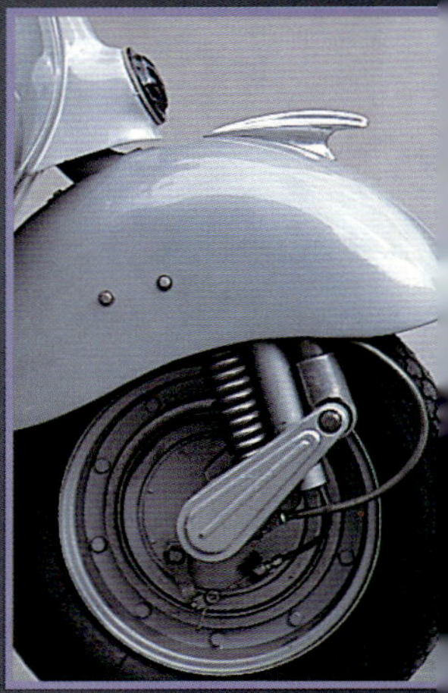

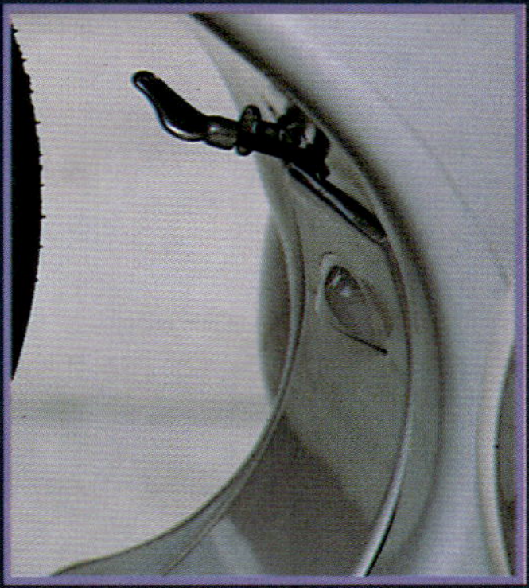

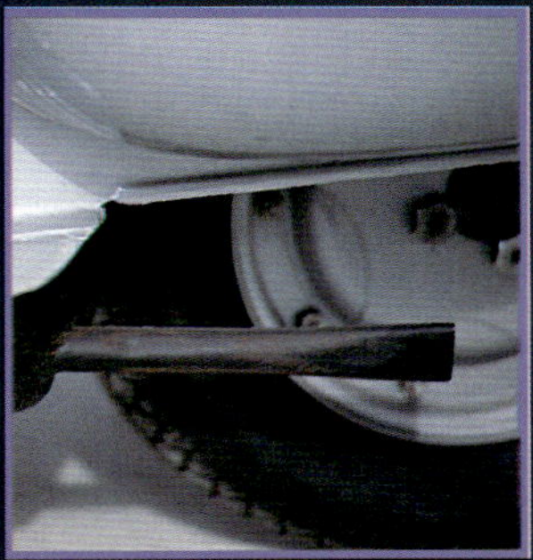

Motore: monocilindrico orizzontale due tempi, cilindrata 145,45 cc, potenza 8 CV a 7500 giri/min, carburatore Dell'Orto UB23, cambio a 4 marce, lubrificazione con miscela 5%, velocità massima 100 km/h.

150
ACMA MILITARE

La Vespa ha fatto anche il servizio militare, vestendo la tuta mimetica di molti eserciti. Ha combattuto in Algeria e in Sud America, è stata presente nel Vietnam... Nel 1952 la filiale transalpina della Piaggio, l'ACMA, fa allestire per l'esercito francese una particolare versione in grado di trasportare addirittura un cannoncino, oppure un bazooka con le relative munizioni... All'occorrenza questo mezzo può essere paracadutato. Per questa evenienza la Vespa "da guerra" dispone di una "guaina" tubolare che la protegge al momento in cui tocca terra

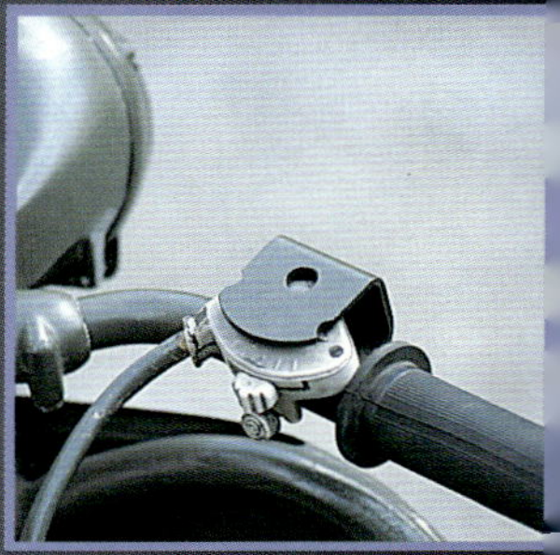

Motore: monocilindrico orizzontale due tempi, cilindrata 145,45 cc, potenza 4,5 CV a 4500 giri/min, carburatore Solex 17 B, cambio a tre marce, lubrificazione con miscela 5%, velocità massima 65 km/h.

PARTE III

IL TEMPO

MEGLIO UN GIORNO DA VESPA...

NEL 1951 LA PIAGGIO PUBBLICA IL PRIMO CALENDARIO LE CUI IMMAGINI SONO AFFIDATE ALLA MATITA DI FRANCO MOSCA. IN QUESTE PAGINE VEDIAMO ALCUNE TAVOLE CHE CI PRESENTANO UNA RAGAZZA GIRAMONDO. COME DIRE: GRAZIE ALLA VESPA, TUTTI POSSONO FINALMENTE SCOPRIRE NUOVI ORIZZONTI.

La Vespa è stata, fin dall'inizio, un prodotto "concreto". Le sue qualità (caratteristiche tecniche d'avanguardia, praticità d'uso e bellezza del design) erano tali da formare, da sole, una "miscela" esplosiva. Presupporre una buona e immediata accoglienza del mercato poteva perciò sembrare scontato. Invece no. Una buona parte del suo successo le venne invece da una serie di scelte pubblicitarie, insolitamente originali e fresche, che contribuirono a creare attorno a questo nuovo mezzo un alone di crescente simpatia.

Questo avvenne però dopo che fu abbandonata l'iniziale strategia. Il primissimo lancio commerciale della Vespa, si limitava infatti quasi esclusivamente ad informare il pubblico sulle prestazioni dello scooter, delle variazioni del suo prezzo e delle condizioni di pagamento.

All'inizio degli anni Cinquanta però, la filosofia di promozione della Vespa, o meglio dell'immagine Vespa, cambia completamente. La pubblicità si fa più brillante e aggressiva. Utilizza comunicazioni più sofisticate. Fa leva su elementi fino ad allora poco sfruttati.

Mars

D	L	M	M	J	V	S
				1	2	3
4	5	6	7	8	9	10
11	12	13	14	15	16	17
18	19	20	21	22	23	24
25	26	27	28	29	30	31

1951

Avril

D	L	M	M	J	V	S
1	2	3	4	5	6	7
8	9	10	11	12	13	14
15	16	17	18	19	20	21
22	23	24	25	26	27	28
29	30					

S.A. LA PRESSA - MILANO

Il primo esempio, forse il più palese, di questo cambiamento di rotta si ritrova nei calendari che la Piaggio comincia a pubblicare nel 1951 e che ottengono un successo immediato, destinato poi a moltiplicarsi negli anni, oltre che ad essere ripetutamente imitato. Molto è stato detto e scritto a proposito di questo "fenomeno" che, oltre a documentare efficacemente l'evoluzione dei modelli Vespa, costituisce un preziosissimo specchio dei tempi e delle mode che si sono succedute negli anni.

Giudicarlo frivolo, solo perché ne sono esclusivamente interpreti una schiera di belle ragazze, sarebbe un grave errore. Il loro modo di essere e di presentarsi costituisce infatti un insostituibile e completo documento di storia nel quale un'intera generazione ancora oggi può riconoscersi. Tutte insieme testimoniano la volontà di un Paese che, dopo la guerra, vuole lasciarsi decisamente il passato alle proprie spalle ed è dunque alla ricerca di nuove e più esaltanti frontiere.

Questa antologia di "pin-up" di carta si caratterizza, infatti, per la sua partecipazione inconscia al mondo che tutt'attorno si trasforma e si rinnova, diventando essa stessa documento di costume e di moda. I calendari Piaggio segnano, anno dopo anno, le fasi dell'inarrestabile maturazione estetica e il raffinarsi del gusto della gente che da una parte caratterizza l'evoluzione di un prodotto industriale come la Vespa e dall'altro segna la trasformazione del tipo di donna che è sempre più moderna, sempre più libera e, considerati i tempi...perfino un po' spregiudicata.

Il turismo e la Vespa: l'abbinamento è costante in tutti i calendari di Franco Mosca. Con la Vespa si può raggiungere qualsiasi meta, sembrano voler dire le ragazze che appaiono in queste pagine. Questa strategia di comunicazione trova conferma nelle centinaia di club vespistici che si formarono in Italia e in Europa.

Alla realizzazione tecnica dei calendari Piaggio concorrono fattori diversi e varie mode. Inizialmente ha il sopravvento lo stile figurato (che ritroviamo soprattutto nella cartellonistica cinematografica) dove si privilegiano sempre figure femminili particolarmente procaci.
Conta anche il modo in cui vengono realizzati i periodici a colori di quegli anni (Grand Hotel, La Domenica del Corriere...), illustrati più che da fotografie (obbligatoriamente in bianco e nero), da coloratissimi disegni. La loro influenza è decisiva. Lo stile risente invece del gusto della gente, grande consumatrice di romanzi rosa e grande appassionata di concorsi di bellezza.
Una pittoresca parte di quel mondo, se pur futile e superficiale, entra così nei calendari Piaggio che soprattutto allora, più di quanto lo siano oggi, diventano un irrinunciabile elemento di arredo nelle case, negli uffici, nei negozi, rappresentando un importante momento di evasione: il sogno, la speranza per una vita che si vorrebbe tutta rosa. Tante ragazze abbiamo detto, tanti tipi e volti diversi, ma in definitiva un unico personaggio: la ragazza della Vespa, una vivace signorina che calamita su di sé, grazie alla sua avvenenza (ma anche per la sua simpatia) l'attenzione di un'infinità di persone appartenenti alle più diverse estrazioni sociali. Ma è anche qualcosa di più.
Innanzitutto interpreta lo spirito della Vespa: già dal primo calendario, quello del 1951, le ragazze raffigurate si presentano come irriducibili gira-mondo. Da turiste hanno visitato mezzo mondo: le vediamo sostare all'ombra della Sfinge, rifarsi il trucco davanti a Nôtre Dame, partecipare al folclore locale in Olanda.
Ma sono anche molto sportive: praticano (nel calendario 1952) lo sci, vanno in piscina, e non esitano a mostrarsi in bikini. Frequentano naturalmente anche i campi da golf e vanno a cavallo con grande perizia. E tutto questo senza mai abbandonare la Vespa, che è sempre loro compagna fedele in ogni loro avventura. Ma non basta, si iscrivono al club della vela, assistono a corse automobilistiche, fanno le hostess e si dedicano al campeggio. Pur essendo molto attive, con questo non si deve pensare che trascurino le loro doti intellettuali: ascoltano buona musica e frequentano gli studi degli artisti. Amano gli animali e tra i loro cani preferiti scelgono un elegantissimo levriero afgano fulvo, precorrendo così di qualche anno anche la moda per questa prestigiosa razza canina che esploderà negli anni Sessanta.
Molte cose si potrebbero raccontare sulle ragazze uscite dalla matita di Franco Mosca, autore dei disegni che appaiono nei calendari dal 1951 al 1954 (un'immagine per ogni bimestre). Quanti si sono innamorati di loro? Quanti hanno tappezzato la propria stanza con quelle immagini forse irreali ma sicuramente suggestive? Poi improvvisamente, un Capodanno, appaiono al loro posto le prime modelle, ragazze in carne ed ossa, belle, affascinanti, fatali e, naturalmente, più intriganti. Anche la Vespa intanto si è fatta sempre più bella, sempre più filante e armoniosa, sempre più "diva" e grazie alla sua nuova linea non sfigura affatto accanto ai corpi ugualmente per-

giugno

D		3	10	17	24
L		4	11	18	25
M		5	12	19	26
M		6	13	20	27
G		7	14	21	28
V	1	8	15	22	29
S	2	9	16	23	30

NEL 1959 IL CALENDARIO PIRELLI SI CARATTERIZZA PER UN INSOLITO FONDO NERO PER MEGLIO EVIDENZIARE LA NUOVA RICCA GAMMA DI COLORI PASTELLO CHE CARATTERIZZANO I NUOVI MODELLI PIAGGIO.

fetti delle sue altrettanto dotate partners. Il confronto con la Vespa si fa sempre più stretto: chi è la più bella del reame? Nel 1956 viene indetto, per saperlo, un concorso per l'elezione della miss-calendario al quale si può partecipare inviando i tagliandi Piaggio pubblicati su quattro dei più diffusi settimanali italiani. Quell'anno vince miss giugno ed anche in seguito le preferenze vanno alle ragazze che rappresentano i mesi estivi: galeotto fu...

Comunque, anche grazie al concorso, si apre il periodo più roseo del calendario Piaggio che nel 1959 viene "giocato" interamente su un fondo nero allo scopo di mettere meglio in risalto i nuovi colori pastello della Vespa. Nel 1960 (una delle edizioni più riuscite e ricercate) il calendario Piaggio è diventato un "testimonial" importantissimo della Casa di Pontedera e un veicolo pubblicitario di assoluta efficacia. Basti pensare che nel 1965 si arriva a stamparne ben 257.000 esemplari in tre edizioni e in 8 lingue nonché 900.000 copie in edizione tascabile per soddisfare le pressanti richieste che già dal mese di giugno pervengono alla sede di Genova da ogni parte del mondo: quell'anno 10.000 lettere vennero addirittura dall'Indonesia.

Sull'onda di un tale successo anche le attrici più belle e perfino quelle più impegnate fanno a gara per comparire sul calendario. Partecipano, tra le altre, a questo Vespa-party, Elsa Martinelli, Sylva Koscina, Rossana Podestà, Catherine Spaak, Paola Pitagora, Stefania Sandrelli, le gemelle Kessler...

Le cose cambiano sul finire degli anni Sessanta quando la corsa al benessere comincia a costituire fonte di disagio. La

A DESTRA E NELL'IMMAGINE ACCANTO, UNA SEQUENZA TRATTA DAL CALENDARIO DEL 1956 CHE UTILIZZA IMMAGINI FOTOGRAFICHE ANZICHÉ I TRADIZIONALI DISEGNI. LA NOVITÀ, INTRODOTTA L'ANNO PRIMA, PIACE A TUTTI. TANTO CHE QUELL'ANNO VIENE DECISO DI INDIRE UN CONCORSO DI BELLEZZA PER STABILIRE QUALE DELLE DODICI RAGAZZE RITRATTE È LA PIÙ BELLA. PER ACCLAMAZIONE IL TITOLO È ASSEGNATO ALLA RAGAZZA DEL MESE DI GIUGNO.

julio

D	L	M	M	J	V	S
	1	2	3	4	5	6
7	8	9	10	11	12	13
14	15	16	17	18	19	20
21	22	23	24	25	26	27
28	29	30	31			

Il calendario del 1957 tenta una composizione grafica abbinando le immagini fotografiche al disegno che caratterizza lo sfondo.

donna dei calendari Piaggio torna a scoprire la natura, anticipando quel discorso "ecologico" che anche la Vespa, da lì a poco e con grande tempestività, avrebbe affrontato proponendosi come mezzo tra i meno inquinanti nelle città. Il calendario 1968 propone infatti, in un connubio tra mare e motori, un'immagine femminile totalmente diversa da quelle che l'hanno preceduta. Non più pupe o attrici ma semplicemente donne. Non più riprese in posa, ma atteggiamenti naturali di relax, di incantata contemplazione, di manifesto entusiasmo, animate dalla gioia di vivere tra le bellezze di un paesaggio spontaneo. Ci si rivela così una donna nuova, maturata rispetto alle precedenti, restituita alla realtà dagli atteggiamenti non più statici o stereotipati, ma dalla voglia di naturalezza e semplicità. Esattamente come la Vespa dei tempi più recenti.

PIN-UP

A PARTIRE DAGLI ANNI SESSANTA IL CALENDARIO DELLA PIAGGIO SI RIEMPIE DI COLORI E DI...MALIZIA. LE RAGAZZE SONO PIÙ SPREGIUDICATE: QUELLA DI GENNAIO, AD ESEMPIO, VIENE FOTOGRAFATA NUDA MENTRE FA IL BAGNO IN UNA TINOZZA ACCANTO ALLA QUALE È STATA POSTA DELLA FRUTTA (NON CERTO DI STAGIONE). CHE SENSO DARE A QUESTO ACCOSTAMENTO? FORSE QUALCUNO GIÀ STAVA PENSANDO AL PIÙ FAMOSO DEGLI SLOGAN PROMOSSI DALLA PIAGGIO: "CHI VESPA MANGIA LE MELE..." IN EFFETTI IL SIMPATICO SCOOTER DELLA CASA DI PONTEDERA STA VIVENDO UNA IMPORTANTE METAMORFOSI: MAMMA E PAPÀ HANNO GIÀ SCOPERTO L'AUTOMOBILE E LA VESPA SI PREPARA A DIVENTARE NEGLI ANNI A VENIRE IL "FRUTTO PROIBITO" DEI LORO FIGLI

1960: Tutti gli italiani impazziscono per la televisione. John Kennedy diventa presidente degli Stati Uniti. Livio Berruti vince le Olimpiadi. Si va da Roma a Milano in jet. La Vespa si adegua al nuovo Codice della Strada.

Vespa
DICEMBRE
D L M M G V S
1 2 3
4 5 6 7 8 9 10
11 12 13 14 15 16 17
18 19 20 21 22 23 24
25 26 27 28 29 30 31

NOVEMBRE

OTTOBRE

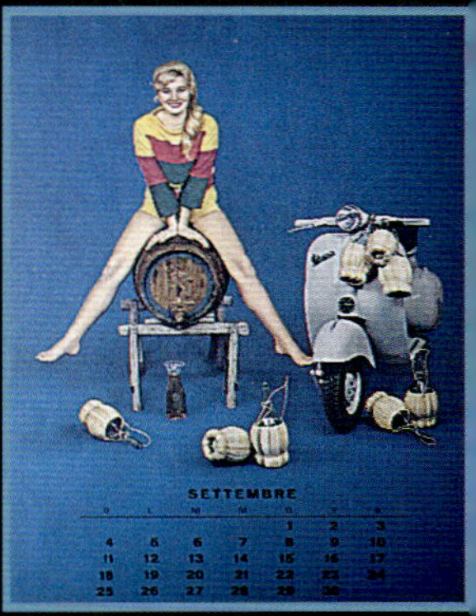
SETTEMBRE

MAGGIO

GIUGNO

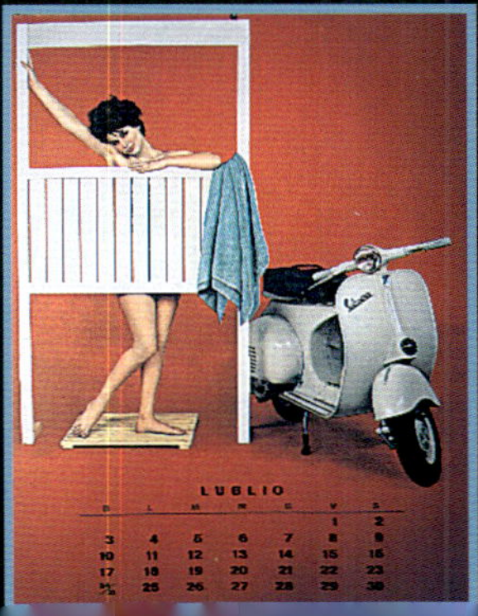
LUGLIO

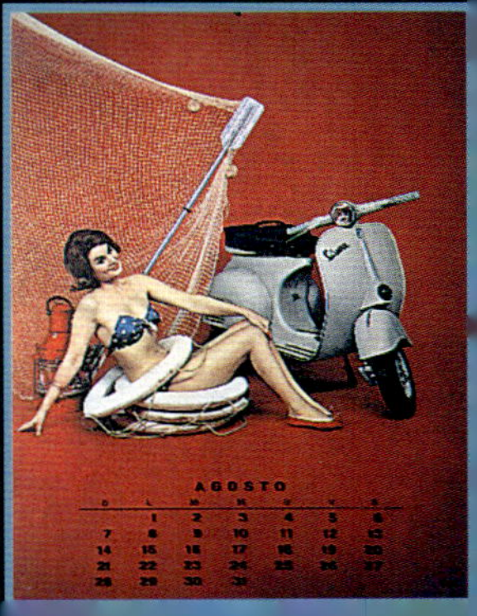
AGOSTO

MISS

IL CALENDARIO 1961 RIPETE QUANTO ERA STATO GIÀ FATTO L'ANNO PRECEDENTE: LE FOTOGRAFIE VENGONO SCATTATE IN STUDIO, SECONDO LA MODA DEL TEMPO, MENTRE APPOSITE AMBIENTAZIONI CERCANO DI FAR APPARIRE LE MODELLE DISINVOLTE E NATURALI. APPARENTEMENTE LE IMMAGINI NON RIVELANO UNA PARTICOLARE STRATEGIA DI COMUNICAZIONE: SEMBRA CHE CONTI SOLO ABBINARE LA VESPA A UNA QUALSIASI MISS SORRISO. MA QUEGLI SGUARDI AMMICCANTI NASCONDONO INVECE UN SOTTILE MESSAGGIO. SEMBRANO VOLER CREARE UN SENSO DI COMPLICITÀ TRA IL POTENZIALE CLIENTE E LA VESPA CHE, IN UN IMMAGINARIO TRIANGOLO, ASSUME IL RUOLO DI MEZZO INDISPENSABILE PER UNA CONQUISTA AMOROSA...

1961: Yuri Gagarin è il primo uomo a raggiungere lo spazio. La Fiat lancia i modelli 1300/1500. Si comincia a costruire l'autostrada del Sole. Sono più di 1 milione e mezzo le Vespa prodotte dal 1946.

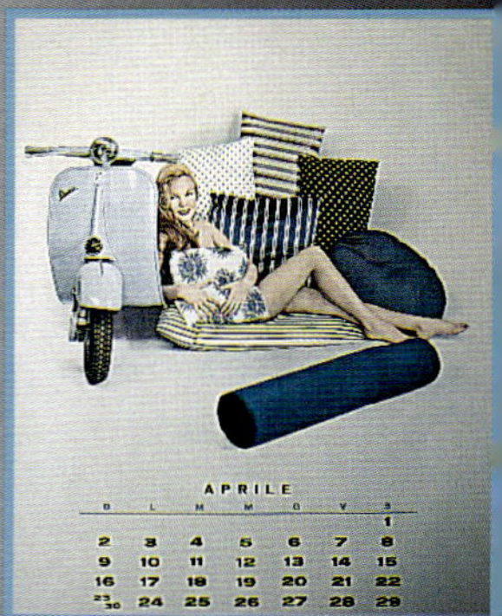

GIUGNO
D L M M G V S
1 2 3
4 5 6 7 8 9 10
11 12 13 14 15 16 17
18 19 20 21 22 23 24
25 26 27 28 29 30

DICEMBRE

NOVEMBRE

OTTOBRE

MAGGIO

LUGLIO

AGOSTO

SETTEMBRE

DIVE

Nel 1962 fanno il loro esordio sul calendario i volti (e i corpi) delle più famose dive cinematografiche del momento. Il nuovo cambiamento di rotta viene determinato dalla internazionalità della Vespa, forse il prodotto dell'industria italiana più conosciuto (ma anche più diffuso) nel mondo. Occorre dunque creare un'immagine meno provinciale e più moderna. Ed ecco che, anticipando i tempi, la Piaggio s'inventa in un sol colpo ben 12 "testimonials". Il fascino della Vespa è il fascino di Milène Demongeot, di Sylva Koscina, di Rossana Podestà... Le ambientazioni sono le più diverse e non esiste più alcun tipo di riferimento alla stagionalità del mese che viene rappresentato

1962: "Bye, bye, baby": la biondissima Marilyn Monroe viene trovata morta in una stanza d'albergo, a New York. La moda italiana inventa il prêt à porter. Piaggio lancia la GS 160: nuovo telaio, nuova linea Vespa.

JUNI

S	M	D	M	D	F	S
					1	2
3	4	5	6	7	8	9
10	11	12	13	14	15	16
17	18	19	20	21	22	23
24	25	26	27	28	29	30

TOP MODEL

La strategia delle belle donne non cambia nemmeno nel 1963 quando il calendario delle dive viene ripetuto pari pari. Il successo ottenuto l'anno prima obbliga i responsabili della Piaggio a seguire questa linea limitandosi a scegliere nuovi volti da abbinare ai nuovi modelli Vespa. Fanno il loro esordio la conturbante Carrol Baker, la fresca Catherine Spaak, l'affascinante Gloria Paul e la prosperosa Jane Mansfield. Il loro rapporto con la Vespa trova una credibile giustificazione nella grande popolarità di cui tutte, sia le dive sia lo scooter della Piaggio, godono indifferentemente presso il grande pubblico

1963: Muore Giovanni XXIII, il Papa buono. Gli succede Paolo VI. Jim Clark vince il mondiale di F. 1. Brigitte Bardot lancia il "due pezzi". Arriva la 150 GL, una delle più belle Vespa mai realizzate.

OTTOBRE

D	L	M	M	G	V	S
		1	2	3	4	5
6	7	8	9	10	11	12
13	14	15	16	17	18	19
20	21	22	23	24	25	26
27	28	29	30	31		

DICEMBRE

D	L	M	M	G	V	S
1	2	3	4	5	6	7
8	9	10	11	12	13	14
15	16	17	18	19	20	21
22	23	24	25	26	27	28
29	30	31				

NOVEMBRE

D	L	M	M	G	V	S
					1	2
3	4	5	6	7	8	9
10	11	12	13	14	15	16
17	18	19	20	21	22	23
24	25	26	27	28	29	30

SETTEMBRE

D	L	M	M	G	V	S
1	2	3	4	5	6	7
8	9	10	11	12	13	14
15	16	17	18	19	20	21
22	23	24	25	26	27	28
29	30					

MAGGIO

D	L	M	M	G	V	S
			1	2	3	4
5	6	7	8	9	10	11
12	13	14	15	16	17	18
19	20	21	22	23	24	25
26	27	28	29	30	31	

GIUGNO

D	L	M	M	G	V	S
						1
2	3	4	5	6	7	8
9	10	11	12	13	14	15
16	17	18	19	20	21	22
23/30	24	25	26	27	28	29

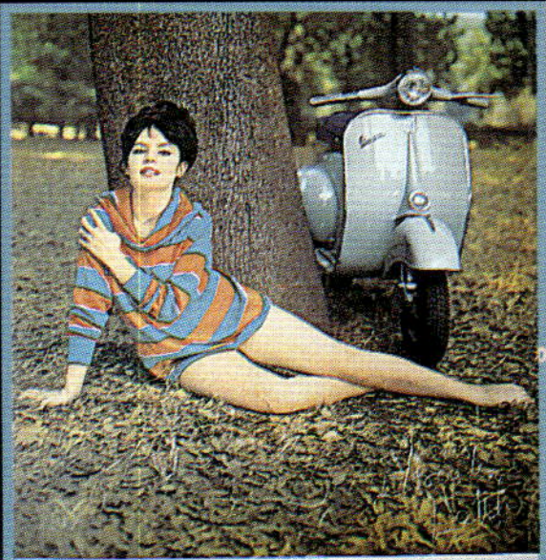

LUGLIO

D	L	M	M	G	V	S
	1	2	3	4	5	6
7	8	9	10	11	12	13
14	15	16	17	18	19	20
21	22	23	24	25	26	27
28	29	30	31			

AGOSTO

D	L	M	M	G	V	S
				1	2	3
4	5	6	7	8	9	10
11	12	13	14	15	16	17
18	19	20	21	22	23	24
25	26	27	28	29	30	31

SEXY

Nel 1964 il calendario Piaggio viene affiancato da un temibile concorrente: il calendario Pirelli. Ma si tratta di due storie diverse. I mesi della Vespa sono ancora illustrati da famose attrici, magari più sexy (come una generosa Sandra Milo che, nel mese di luglio, fa capolino nascosta dallo scudo di una Vespa 150, o una Scilla Gabel che fa di settembre un mese molto provocante). Il calendario Pirelli tenta invece la strada nuova e più sofisticata dei particolari anatomici abbondantemente mostrati. Il messaggio Piaggio resta invece tradizionale. Unica novità: qualche volto popolare portato via alla nascente televisione, come quello delle gemelle Kessler

1964: Scoppia anche in Italia il "fenomeno Beatles". Mary Quant inventa a Londra la minigonna. La Casa di Pontedera crea la Vespa 50, lo scooter per i quattordicenni.

SCILLA GABEL

SETTEMBRE

D	L	M	M	G	V	S
		1	2	3	4	5
6	7	8	9	10	11	12
13	14	15	16	17	18	19
20	21	22	23	24	25	26
27	28	29	30			

PARTE IV

LA GENTE

LA VESPA ..E TUTTI I SUOI VESPINI

L'idea di unire in qualche modo tutti i possessori di una Vespa e trasformare questa comunione di mezzi in una comunione di persone fu un altro dei motivi che favorì non poco la diffusione del giovane scooter Piaggio.

L'idea venne a Renato Tassinari, un ex redattore della "Gazzetta dello Sport" prima e del "Corriere dello Sport" poi che, dopo la guerra, era entrato nello staff della Casa di Pontedera. Incaricato di organizzare la presenza della Vespa alla Fiera di Milano del 1948, Tassinari inventò per l'occasione lo "Sciame d'argento", cioè un gruppo di duemila vespisti che sarebbero dovuti confluire, tutti insieme, nella capitale lombarda.

UN VESPISTA DA SOLO PERCORRE UNA STRADA. PIÙ VESPISTI..."SCIAMANO". DOPO IL PRIMO CLAMOROSO RADUNO DI MILANO DEL 1948, I POSSESSORI DI SCOOTER VESPA DANNO VITA A UN INEDITO FENOMENO DI ASSOCIAZIONISMO CHE POI CONFLUIRÀ NEL VESPA CLUB ITALIA. IN BREVE VENGONO ORGANIZZATI INCONTRI, RALLY, VIAGGI, TRASFERTE. QUI SOTTO VEDIAMO I PARTECIPANTI AL PRIMO RADUNO DI SAN GIUSTO. I VESPISTI (A CUI SI SONO ACCODATI DI SOPPIATTO ANCHE ALCUNI "OSPITI" IN LAMBRETTA) SFILANO PER LE VIE DI TRIESTE, PRECEDUTI DAL PRESIDENTE DEL LOCALE SODALIZIO, SIGNOR FERIGO.

Quando la cosa accadde, la gente rimase a bocca aperta e sui giornali se ne fece un gran parlare. Fu così che ebbe inizio un inedito fenomeno di associazionismo che avrebbe raggiunto dimensioni addirittura internazionali, anche se nel frattempo, più praticamente, servì soprattutto alla diffusione dell'uso della Vespa e alla sua vendita.

"Sciamare" per le strade d'Italia, visitare i monumenti, scoprire paesaggi mai visti, ma soprattutto fraternizzare dopo essere stati per tanti anni divisi dalla guerra, fu per molti italiani una scossa di adrenalina pura. L'idea dello "sciame" piacque, anzi galvanizzò subito un sacco di persone. Su quell'esempio chi aveva una Vespa si unì a chi aveva una Vespa. Subito dopo iniziarono a formarsi spontaneamente i primi sodalizi. Tutti, uno dopo l'altro, finirono poi con il confluire nei Gruppi vespistici che intanto gli agenti della SARPI avevano provveduto a costituire.

All'inizio la loro attività si limitava ad organizzare gite su percorsi facili e brevi. Successivamente si tentò la strada dei grandi raduni. Infine si passò ai "trasferimenti" di massa all'estero!

La prima e forse più importante di queste manifestazioni fu il raid chiamato "In Svizzera a volo di Vespa", che l'instancabile Tassinari organizzò nel marzo del 1949: una marcia di 750 km, con partenza da Como, da effettuarsi alla media

di 45 km/h. Vi parteciparono 73 vespisti (tra cui 8 guidatrici). Non fu, quella, solo una passeggiata tra amici, ma una vera operazione di marketing. Basti pensare che la colonna fu accompagnata da tutta la dirigenza della Piaggio ben disposta alla testa del gruppone. Lo stesso D'Ascanio si piazzò in prima fila. Sapeva che la sua Vespa stava partendo in quel momento alla conquista dell'Europa!

Il passo successivo avvenne quello stesso anno, il 23 ottobre, quando i presidenti di tutti i Club d'Italia, che erano già 31, si riunirono all'Hotel Belmare di Viareggio per il 1° Congresso nazionale del Vespa Club d'Italia. Quel giorno venne sancita la nascita di un Ente di coordinamento e disciplina per tutti i gruppi vespistici. Seduta stante si approvò anche lo statuto e si scelse il distintivo nazionale.

Scopo del Club era: "Promuovere, propugnare e difendere gli interessi degli utenti Vespa; inquadrare, tutelare e disciplinare l'attività dei gruppi periferici, con particolare riferimento all'attività turistica; assistere i gruppi nell'educazione

tecnica e pratica dei loro soci e infine mantenere le relazioni con gli enti motoristici e turistici italiani e stranieri, stabilendo con essi rapporti di reciprocità..."

Anche nel corso del 1950 la diffusione del "clubismo" era continuata impetuosa. Nel mese di febbraio si contavano 45 associazioni. Nei due mesi successivi il loro numero salì a 55. E tutti erano sempre molto attivi, soprattutto al Nord, dove si registravano già forme di collaborazione tra le varie città, con scambi, gemellaggi, visite e manifestazioni comuni. Tra queste ultime merita di ricordare il grande raduno di Bologna, tenuto nei giorni 20 e 21 maggio 1950, e il Raduno Femminile di San Remo che ebbe luogo nel successivo mese di luglio. Vi parteciparono ben 250 vespiste, a dimostrazione di quanto la Vespa partecipasse in qualche modo anche alla "liberazione" della donna che, dal dopoguerra in avanti, sollecitava la giusta parità con l'uomo.

A partire dal 1951 la crescita del fenomeno legato ai Vespa Club ha una ulteriore accelerazione, tanto da diventare incontenibile. Basti pensare che furono ben ventimila i radunisti che parteciparono alla "Giornata della Vespa", un super concentramento distribuito in dodici città italiane.

Sempre nel 1951 fece grande scalpore il "Raduno sul Ponte di Bassano" (che riunì tutti i 106 Vespa Club italiani). Nell'occasione si diede all'avvenimento perfino un risalto politico in quanto l'incontro delle rappresentanze di Trento e di Trieste servì a sottolineare la volontà delle due città di restare più che mai "unite" all'Italia.

Per importanza e originalità merita ricordare infine la gran-

SFOGLIANDO LE RIVISTE SPECIALIZZATE DEGLI ANNI CINQUANTA, NON MANCA UN NUMERO NEL QUALE NON SIANO RIPORTATE LE CRONACHE DI ALMENO UNO DEI TANTI RADUNI ORGANIZZATI IN ITALIA O ALL'ESTERO. LO SPAZIO CHE GLI "SCIAMI" OTTENGONO SUI GIORNALI È TALE CHE, PUR DI ABBINARE IL PROPRIO NOME ALLA VESPA, MOLTE INDUSTRIE INCOMINCIANO A "SPONSORIZZARE" LE MANIFESTAZIONI, UTILIZZANDO COSÌ PER LA PRIMA VOLTA UN CANALE PUBBLICITARIO CHE IN ITALIA È ANCORA INESPLORATO.

I Vespa Club diventano presto un fenomeno internazionale. Associazioni simili a quella costituitasi in Italia nascono ovunque. Il 7 febbraio 1953 si riuniscono a Milano i rappresentanti dei Vespa Club di Belgio, Francia, Germania, Italia, Olanda e Svizzera per dare vita al Vespa Club d'Europa la cui presidenza viene assunta, per acclamazione, da Renato Tassinari. Ma non solo in questi Paesi la passione per la Vespa è in continua crescita. Molto attivo si rivela, a sorpresa, il Vespa Club d'Inghilterra che nel 1956 raccoglie ben 3000 soci.

de manifestazione vespistica internazionale organizzata dal Vespa Club d'Europa. L'evento si tenne a Parigi l'8 e il 9 maggio 1951 e divenne famoso per il fatto che in sintonia con il tema dominante del momento, la gara spaziale tra americani e russi (che allora era solo all'inizio), fu portata in parata una "Vespa-disco volante" dotata di fanali, sirene e ruote stabilizzatrici, un "mostro" del peso di varie centinaia di chili, con un diametro di quattro metri.
È proprio il caso di dirlo: la Vespa, anche grazie ai Club, era ormai entrata definitivamente in orbita!

VESPA CLUB
PIACENZA
VESPA CLUB
PIACENZA

VESPA · CLUB · U.S.A.
VESPA · CLUB DE SUISSE
VESPA · CLUB · D'ITALIA
VESPA · CLUB DE FRANCE

CLUB

Parlando del successo della Vespa non è un luogo comune dire che "L'unione fa la forza". Lo scooter Piaggio deve molto all'associazionismo. Le vendite aumentano immediatamente dopo i primi raduni. La gente sembra non desiderare altro che stare insieme, viaggiare e divertirsi. Dalle passeggiate si passa alle gimkane. Poi arrivano i primi rally di cui si occupò addirittura uno degli ideatori della "Mille Miglia", Renzo Castagneto, che propone lo stesso percorso della più famosa delle corse di automobili anche agli entusiasti vespisti

Renato Tassinari (nella foto in alto a sinistra) è l'ideatore e il promotore dei Vespa Club, un "movimento" nel quale confluiscono anche moltissime donne. Alle manifestazioni partecipano di volta in volta non meno di alcune centinaia di appassionati.

PARTE V

LO SPORT

CHI NON CORRE È PERDUTO

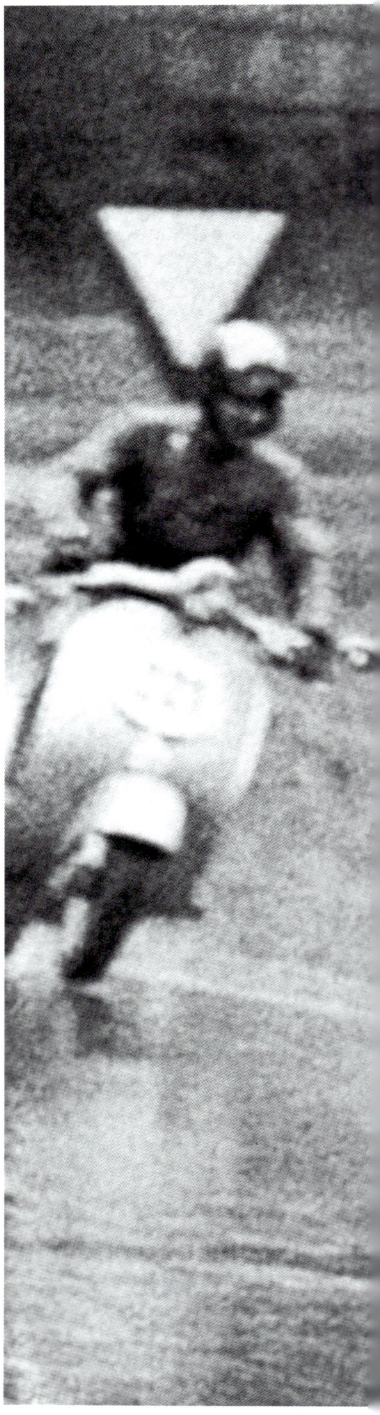

L'emozionante capitolo delle sport si apre per la Vespa seguendo un itinerario assolutamente non convenzionale.

La Piaggio non è infatti mai ricorsa, come avveniva di solito, a modelli speciali, ma si è accostata alle competizioni utilizzando mezzi quasi di serie, ben sperimentati e tutti già ben collaudati dal pubblico.

Considerata come un'utilitaria, la Vespa non riusciva in effetti a interpretare l'immagine di "sportiva", e ancor meno sembrava potersi collocare nel mondo delle competizioni vere e proprie.

Delle moto da corsa non aveva né l'aspetto, né le caratteristiche: le ruote a corto raggio apparivano poco adatte all'esasperazione della pista, e così il telaio aperto non sembrava garantire affatto un adeguato appoggio per la spinta che il pilota doveva sostenere nelle curve ad alta velocità.

Assai meno perplessi furono i vespisti. Non mancò infatti chi, fin dal principio, volle comunque fare della sua Vespa un piccolo bolide.

Attorno alla Vespa "truccata" nacque addirittura una categoria sportiva, quella del "Bar Sport", luogo di punzonatura per sfide di ogni genere che venivano innescate partendo

La Vespa non nasce con una vocazione sportiva ma, contraddicendo ogni previsione, finisce per affermarsi anche nelle competizioni, soprattutto quelle di tipo rallistico (foto grande). Il primo vespista che partecipa ufficialmente a una "vera" gara è Carlo Masciocchi, nell'aprile del 1947. Alla "Primi Passi" di Milano giunge secondo.

sempre dallo stesso dilemma: "La mia Vespa è più veloce della tua..." o, ancora e più spesso, "La mia Vespa è più veloce della tua Lambretta...". Il rituale era semplice. Si preparavano in qualche modo i motori e, quando non si poteva fare altro, si aggiungeva una striscia rossa sulla carrozzeria. L'importante era comunque avere grinta!
Dopo molte sfide, Carlo Masciocchi, nell'aprile del 1947, decise di tentare la strada delle competizioni vere e proprie iscrivendosi con la sua Vespa alla corsa "Primi Passi" del Gentlemen Moto Club di Milano. La gara inaugurava la stagione delle corse di regolarità con il massacrante giro delle Valli bergamasche. Masciocchi giunse secondo al traguardo, attardato da alcune cadute e dalle limitate capacità del piccolo motore, ma per la Vespa fu un trionfo perché dimostrò di saper dare del filo da torcere anche ai più blasonati antagonisti. Da quel momento molti privati si presentarono al via delle corse di regolarità e pian piano cominciarono a figurare negli ordini di arrivo, tanto che fin dalla sua prima

stagione di corse la Vespa si ritrovò un palmarés che comprendeva ben 33 vittorie.
La qualità e la quantità dei successi sportivi ottenuti dai privati cominciarono a interessare la Piaggio che, spinta anche dall'entusiasmo di uno dei suoi due collaudatori, Dino Mazzoncini, decise di formare una piccola squadra di piloti ufficiali. Con loro la Vespa avrebbe partecipato nella stagione successiva alle gare di regolarità e di velocità.
La prima vittoria giunse subito e fu in una gara di velocità, sul circuito di Firenze, nel maggio del 1948. E non fu la sola. Quell'anno fu ricco di soddisfazioni sportive. La squadra ottenne tra l'altro il primo posto (portando tutte le Vespa all'arrivo) nel "Trofeo dei Laghi", una competizione a squadre su un percorso di 600 km, mentre alla "Sei giorni internazionale di Varese", la gara di regolarità più famosa in Italia, ottenne un secondo posto solo perché, dicono le cronache, a Mazzoncini venne inflitta una penalità di tre punti per aver mancato un controllo. I primi mesi del 1949 portarono alla Vespa ulteriori vittorie: in gennaio l'instancabile Mazzoncini ottenne un'importante successo sul circuito di Napoli, mentre nel mese di febbraio lo scooter Piaggio si aggiudicò una corsa del tutto particolare: la "motosciata" Vicenza-Monte Gallio, valida per il trofeo "Alpengin" organizzato dal Moto Club di Berico.
Con la riapertura della stagione delle corse di regolarità la squadra Piaggio riprese a vincere: in aprile si aggiudicò il trofeo "Primi Passi" portando senza penalizzazioni all'arrivo tutti e tre i suoi piloti (Opessi, Spadini e Castiglioni); successivamente iniziò il massacrante ciclo del "Trofeo dell'Industria" che impegnò la squadra per la stagione primaverile ed estiva. La Federazione Italiana aveva articolato il trofeo in tre prove: lo Scudo del Sud, la 24 Ore e la Mille

LE GIMKANE SI RIVELANO UNA IMPORTANTE ALTERNATIVA ALLE CORSE. QUESTI CONFRONTI SERVONO A METTERE IN RISALTO LA MANOVRABILITÀ DELLA VESPA. QUI ACCANTO VEDIAMO UN CONCORRENTE DEL VESPA CLUB PIACENZA, IMPEGNATO A DISTRICARSI TRA I BIRILLI SOTTO GLI OCCHI VIGILI DI UN "COMMISSARIO" BAMBINO, PRONTO AD ALZARE LA BANDIERA ROSSA PER SEGNALARE EVENTUALI PENALITÀ.

LE CORSE AD INSEGUIMENTO, SONO UN'ALTRA "FORMULA" DI SUCCESSO: QUESTI CONFRONTI, SPESSO DI TIPO AMATORIALE, SONO TEATRO DI MITICI DUELLI TRA VESPISTI E LAMBRETTISTI. NELLA FOTO A CENTRO PAGINA DUE CONCORRENTI SI BATTONO LUNGO LE TORTUOSE STRADE DI CAGLIARI.

Miglia che, con complessivi 5000 km, portarono la Vespa in giro per tutta l'Italia, consentendole di propagandare la propria immagine anche nelle regioni meridionali dove la sua diffusione era più limitata. Il lusinghiero bilancio della Vespa nell'impegnativo trittico si riassume in poche cifre: nello Scudo del Sud, su sei Vespa partite cinque arrivano al traguardo senza penalità; Castiglioni invece deve ritirarsi per un guasto meccanico. Nella 24 Ore, su sei scooter partiti, cinque giungono al traguardo senza penalità; lo sfortunato Castiglioni è però ancora costretto alla resa per una caduta. Nella Mille Miglia invece sette Vespa su sette arrivano alla fine senza penalità, ma Fassona e Castellini vengono squalificati per la mancanza di un timbro di controllo.
Nel complesso questi risultati consentirono alla Vespa di piazzarsi seconda, con cinque punti di distacco, nel "Trofeo dell'Industria". Un piazzamento non da poco se si pensa che doveva competere con macchine di 250 e 500 cc.

LE GARE DI REGOLARITÀ (A CUI PARTECIPARONO ANCHE I FURGONI APE) SONO LE PROVE PIÙ FREQUENTATE DAGLI SCOOTERISTI, ANCHE SE RESE SPESSO PARTICOLARMENTE IMPEGNATIVE DAGLI ORGANIZZATORI. QUI SOPRA VEDIAMO UNA GRINTOSISSIMA ADA PACE (POI DIVENUTA FAMOSA PILOTA AUTOMOBILISTA) IN SELLA ALLA VESPA MENTRE "GUADA" UN TORRENTE LUNGO IL PERCORSO DEL PRIMO CAMPIONATO VESPISTICO PIEMONTESE DI REGOLARITÀ: È IL 24 MAGGIO 1953 . ADA PACE SI CLASSIFICHERÀ PRIMA EX-AEQUO.

QUI ACCANTO L'AUSTRIACO TEILNEHMER RIPRESO DURANTE LA CORSA SCHOFBERG-ROLLER DEL MAGGIO 1958 (FOTO TRATTA DAL BELLISSIMO VOLUME " VESPA MÌ AMORE", EDITO IN GERMANIA DA SCHRADER VERLAG).

L'attività sportiva della Vespa continuò per alcuni anni e i risultati ottenuti furono moltissimi. Elencarli diverrebbe a questo punto difficile, quindi ci limiteremo a ricordare il grande successo ottenuto alla "Sei giorni internazionale" di Varese nel 1951 che consacrò definitivamente la Vespa come il miglior motoveicolo italiano.

Per rendersi conto di quanto fosse grande il predominio della Vespa bastano alcune cifre: su 218 moto partite infatti solo 89 riescono a portare a termine la gara senza penalizzazioni. Tra gli scooter, dei 22 partiti 10 ottengono la medaglia d'oro e ben 9 di questi sono Vespa!

Nel corso degli anni Cinquanta però l'importanza delle gare ufficiali venne meno dato che nel 1952 la MV Agusta iscrisse al campionato una vera e propria vettura da Gran Premio modificata con ruote basse. Le Case costruttrici protestarono vivacemente per la troppo larga interpretazione dei regolamenti, ma non avendo trovato soddisfazione presso le autorità sportive, man mano si ritirarono dalle competizioni tradizionali.

In sostituzione la stessa Vespa diede vita a una serie di confronti monomarca che dal 1951 vennero organizzati sotto l'egida del Vespa Club d'Italia. Tra questi la prima e indubbiamente una delle più importanti fu la "Mille Chilometri", organizzata dal Vespa Club di Brescia per iniziativa di Renzo Castagneto, colui che nel 1927 aveva ideato e organizzato per la prima volta la "Mille Miglia" automobilistica.

Si trattava di una gara decisamente dura, nonostante fosse una competizione monomarca; consisteva infatti nel percorrere cinque tappe di duecento chilometri ciascuna, alla velocità media di 50 km/h. La classifica veniva stilata sorteggiando due tappe a caso e verificando il tempo e le penalità complessive. A rendere più conteso il primato, oltre alla soddisfazione della vittoria, c'era poi il ricco premio di 500 mila lire per il vincitore che fin dal primo anno attirò concorrenti provenienti da tutta Italia e anche dal Belgio, Germania e Francia, dandole così una connotazione di tipo internazionale.

La corsa venne riproposta anche il 5 luglio del 1952 ottenendo l'entusiastica partecipazione di 365 concorrenti provenienti un po' da tutta l'Europa e di un numeroso pubblico, che non disdegnava di seguire le evoluzioni delle Vespa lungo le strade della Mille Miglia. I concorrenti al via erano riuniti in 49 squadre, composte di cinque elementi, rappresentanti i Vespa Club di altrettante città e 125 corridori privati. Al traguardo i concorrenti giunsero in 354 e la vittoria arrise a pari merito a Giovanni Furigo e Mario Pagani, mentre il vicentino Zin inaugurò una tradizione che troverà largo seguito. Egli infatti giunse al traguardo con una media di 71,460 km/h che gli costò la squalifica ma che gli consentì di essere comunque il vespista dilettante più veloce.

L'impavido Zin ripeté la prestazione anche l'anno successivo. Infatti, nella terza edizione della "Mille Chilometri" (che

Ada Pace (qui accanto) alla partenza del Giro dei Tre Mari nel luglio 1956. In queste pagine vediamo alcune istantanee tratte dal suo album di ricordi. A sinistra, viene festeggiata all'arrivo del Criterium Vespistico Internazionale (seconda assoluta nel 1955). Sopra è ritratta al Motovelodromo Torinese (è il 15 marzo del 1953) in occasione di una prova ad inseguimento intitolata "Caccia alla Volpe". Nella pagina precedente la vediamo con il casco in mano e la radio a tracolla pronta a partire per l'Auto Radio Moto Raduno del 27 aprile 1952.

in quell'anno vide la partecipazione di 372 concorrenti in rappresentanza di 76 Vespa Club) i sei squalificati furono il recidivo Zin e i suoi imitatori che si lanciarono sulle strade "ventre a terra" e raggiunsero il traguardo con medie superiori ai 72 km/h.

Questi "spericolati" vennero però esclusi per regolamento ma Castagneto e la Piaggio, che fondamentalmente erano orgogliosi del fatto che qualcuno in Vespa percorresse mille chilometri a tali velocità, organizzarono per loro una speciale cerimonia di accoglienza alle cinque del mattino. Il vincitore di quell'anno fu Ezio Stenico del Club di Trento che si aggiudicò il premio di 1 milione di lire (il più alto in Italia per corse motociclistiche) superando Piero Bevilacqua di Imola solo dopo il sorteggio di una terza frazione di cronometraggio.

Nel 1953 ebbe inizio anche un'altra competizione destinata ad assumere contorni quasi epici nella storia dello "sport vespistico": il Giro vespistico dei Tre Mari. Si trattava del percorso di una vecchia gara ciclistica non più corsa dalla fine della guerra e riproposta in versione motorizzata. La Piaggio scelse di rivitalizzare questa gara, che aveva già suscitato tanto interesse nel meridione d'Italia, al fine di favorire la diffusione del suo scooter nelle regioni del Sud

I RECORD DI VELOCITÀ SONO IL PIÙ AFFASCINANTE BANCO DI PROVA SU CUI SI ESIBISCE LA VESPA. I MEZZI UTILIZZATI VENIVANO ALLESTITI SPECIFICATAMENTE DAL REPARTO ESPERIENZE DELLA CASA DI PONTEDERA. I QUESTE PAGINE VEDIAMO IL TENTATIVO DI RECORD DI DURATA EFFETTUATO SUL CIRCUITO DI MONTHLÉRY NEI MESI DI MARZO E APRILE 1950. I PILOTI MAZZONCINI, SPADONI (POI SOSTITUITO, CAUSA UN INCIDENTE, DA ROMANO) RIESCONO A GIRARE SULL'ANELLO FRANCESE A MEDIE MOLTO ELEVATE, CON UNA PUNTA MASSIMA DI 136,920 KM/H, MAI REGISTRATA PRIMA.

che erano ancora poco ricettive. La corsa venne concepita come gara di regolarità, ma la velocità media da mantenere venne fissata a 50 km/h, cioè al massimo consentito dai regolamenti internazionali, il che implicava correre in molti tratti a più di 70 km/h, cosa non certo facile su strade abbastanza dissestate e con un caldo africano (la corsa si disputava in luglio).

Gli oltre 1700 km del percorso divennero quindi una competizione massacrante e trasformarono una gara per dilettanti abituati al turismo veloce in una vera battaglia. È per questo, oltre che per il costante successo di pubblico che la gara incontrava lungo le strade, che la "Tre Mari" ebbe tanto successo e viene ancora oggi ricordata.

Un Carneade qualunque, proveniente dal Vespa Club di un qualunque piccolo centro d'Italia, qui poteva esaltarsi su un percorso durissimo e, se riusciva ad arrivare al traguardo, aveva garantita una cavalcata lungo strade gremite di gente che lo incitavano come se fosse stato uno dei grandi campioni della Mille Miglia. Le due manifestazioni ripeterono il loro successo anche negli anni successivi attirando un numero crescente di concorrenti, tanto che i Vespa Club dovettero

organizzare delle selezioni a livello locale per contenere il numero delle iscrizioni. Inoltre sempre più queste gare attirarono motociclisti di professione come Vighi, Opessi e Spadoni che erano piloti formatisi sulle strade della Mille Miglia e del Giro d'Italia.

Nel corso dei primi anni Cinquanta la Piaggio trasferì la propria attenzione dalle gare ufficiali di velocità e di regolarità al campo dei records nel quale intendeva perpetuare la tradizione di ricerca del primato che aveva caratterizzato la sua attività aeronautica. I primi records che la Vespa iscrisse nell'albo d'oro tenuto dalla Federazione motociclistica internazionale nella sede di Pall Mall Street di Londra furono quelli conseguiti a Monthléry nel 1950. A ricordo di questa impresa esiste la cronaca dettagliata che ne venne fatta dall'ingegner Carlo Carbonero che, insieme con l'ingegner Vittorio Casini, era responsabile del progetto.

Egli ricorda come la Piaggio desiderasse stabilire con il suo motoscooter dei primati che testimoniassero i progressi tecnici realizzati e consolidassero lo straordinario successo ottenuto sui mercati e come questo desiderio si scontrasse con le difficoltà di preparare un tale tentativo in una situazione aziendale in cui tutta l'attività dei tecnici e delle maestranze era volta alla produzione delle macchine di serie e al loro continuo miglioramento. Ciò nonostante la Vespa da primato poté essere allestita e sperimentata in gran segreto, all'interno dei reparto esperienze.

Gli studi e le prove compiuti a Pontedera per ottenere da un motore di 125 cc velocità tanto alte non furono né semplici né brevi ma, grazie all'esperienza maturata in alcuni anni di gare di regolarità, si riuscì ad avere la macchina pronta nel febbraio del 1950. Si trattava di un prototipo che non discostava molto dal modello di serie anche se la carrozzeria era completamente carenata e aveva un profilo maggiormente aerodinamico. Occorreva a quel punto sperimentarla sulla pista dove si sarebbero svolti i tentativi di record; a questo fine Mazzoncini e Spadoni partirono per Monthléry con una Vespa "veloce". Le prove dovevano rimanere segrete, ma la notizia trapelò e molti giornali presentarono le prime prove non soddisfacenti come un fallimento definitivo. Nonostante queste voci la preparazione del tentativo andò avanti e, finalmente, il 23 marzo un gruppo di tecnici guidati da Carbonero e Casini con i piloti Mazzoncini,

DOPO I RECORD DI MONTHLÉRY (DI CUI VEDIAMO QUI ACCANTO ALTRE DUE IMMAGINI), LA VESPA CONQUISTA ANCHE IL PRIMATO MONDIALE DI VELOCITÀ SUL CHILOMETRO LANCIATO. IL SILURO (NELLE FOTO IN BASSO) PILOTATO DA DINO MAZZONCINI (RICONOSCIBILE PER IL CURIOSO CASCO AERODINAMICO) PERCORRE IL CHILOMETRO LANCIATO (NEL TRATTO FRA IL DECIMO E L'UNDICESIMO KM DELL'AUTOSTRADA ROMA-OSTIA) ALLA VELOCITÀ DI 171,102 KM/H.

Castiglioni e Spadoni partirono per Monthléry con tre Vespa messe a punto per tentare le prove conclusive.
L'inizio non fu dei più promettenti; il mattino del mercoledì 24 con condizioni atmosferiche appena accettabili a causa del forte vento, la Vespa cominciò a girare sull'anello di Monthléry e i tre corridori si alternarono alla guida delle macchine. Poco dopo mezzogiorno Spadoni cominciò a forzare l'andatura mantenendo una velocità sul giro compresa tra i 135 e i 136 km/h ma una caduta lo costrinse al ritiro e distrusse la moto. Spadoni dovette rientrare a Milano per un intervento chirurgico e al suo posto subentrò Bruno Romano. Nonostante il grave incidente, la presenza del Commissario

della Federazione internazionale e dei cronometristi spinse gli uomini della Piaggio a Tentare una prova ufficiale e così Mazzoncini e Castiglioni si alternarono per due ore alla guida superando i precedenti primati sui tempi compresi in questo periodo. Nei giorni successivi la presenza di forte vento non consentì di ripetere il tentativo e solo il 6 aprile poterono essere riprese le prove. Le condizioni atmosferiche non erano ancora perfette ma, per la stessa ammissione di Carbonero, la voglia di rientrare in Italia per la Pasqua spinse a riprovare confidando in un abbassamento del vento previsto per il tardo pomeriggio. Alle tre pomeridiane iniziarono le prove e il programma era di correre per 10 ore; ciò significava affrontare le ore notturne senza alcuna illuminazione all'infuori dei lampioni a petrolio messi lungo il bordo interno della pista. Come ebbe a dire Carbonero, "Fare la cronaca di 10 ore di vita intensa, passata minuto per minuto fra la speranza della riuscita e l'ansia di veder crollare ogni programma è quanto mai arduo". Comunque la Vespa girò sempre tra i 130 e i 134 km/h ed ebbe un unico inconveniente alla terza ora per il distacco del filo di una candela che comportò una sosta di 4 minuti e una caduta della media di marcia di 7 km. A dispetto di ciò alle ore 1,11 del 7 aprile 1950 erano stati ottenuti i risultati riassunti nella tabella che segue.

Distanza	***km***	***record precedente***
50 km	*134,203*	*125,802*
50 miglia	*134,573*	*126,059*
100 km	*134,733*	*126,701*
1 ora	*134,054*	*126,500*
100 miglia	*127,777*	*121,350*
2 ore	*130,794*	*115,872*
3 ore	*125,713*	*107,314*
4 ore	*123,376*	*108,304*
500 km	*123,463*	*108,504*
5 ore	*124,065*	*107,856*
6 ore	*124,636*	*107,975*
500 miglia	*123,919*	*107,182*
7 ore	*124,056*	*107,182*
8 ore	*124,274*	*107,386*
1000 km	*124,306*	*103,507*
9 ore	*123,434*	*107,556*
10 ore	*123,537*	*104,912*

Giro più veloce alla media di 136,920 km/h.

Nel 1951 la Piaggio decise di tentare il conseguimento del record di velocità più ambito e più impegnativo: il chilometro lanciato. Se a Monthléry la Vespa aveva dimostrato le sue capacità di resistenza ora doveva dimostrare di essere

Una delle numerose Vespa preparate dal reparto corse Piaggio per partecipare alle gare di velocità in circuito (foto a sinistra). Spicca il serbatoio maggiorato, che offre al pilota anche il necessario appoggio per poter meglio assumere una posizione aerodinamica. Lo scudo anteriore è stato completamente ricarenato.

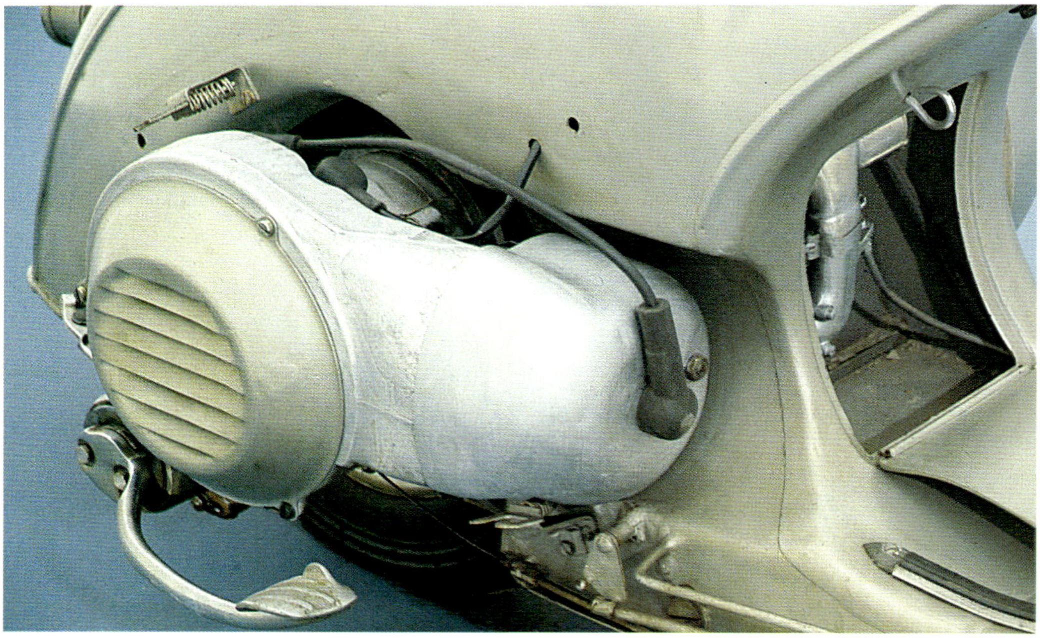

imbattibile nella velocità pura e diventare così lo scooter più veloce al mondo. Il chilometro lanciato era considerato infatti il record più valido come mezzo propagandistico perché fra tutti è quello più denso di contenuto tecnologico. In una delle riunioni tenute dal dottor Piaggio con i suoi collaboratori, venne decisa, sulla base delle esperienze passate, la realizzazione di un mezzo che rappresentasse, in sintesi, tutti i precedenti successi tecnico-sportivi della Vespa. Così vennero incaricati del progetto gli ingegneri Corradino D'Ascanio e Vittorio Casini. Questa volta il risultato degli studi fu un siluro solo lontanamente imparentato con la Vespa di serie. Il telaio era costituito da un trave unico che riuniva le ruote e permetteva al pilota una posizione particolarmente aerodinamica avvolgendolo completamente nella carenatura. Il motore rimase a due tempi e, secondo quanto affermato all'epoca dalla Piaggio, era a cilindri sdoppiato raffreddato ad acqua, con due carburatori e alimentazione a miscela di alcool e olio al 12%. In realtà si trattava di un motore a cilindri contrapposti, coperto dal velo della segretezza; ottenere tali prestazioni era ritenuto più meritevole con un motore a cilindro sdoppiato. Ma poi, con il passare degli anni, non è stato più necessario difendere questa "bugia". Comunque, con un cilindro sdoppiato o con due cilindri contrapposti, la mattina del 9 febbraio 1951 il siluro Vespa, guidato da Dino Mazzoncini, ottenne il record mondiale di velocità sul chilometro lanciato percorrendo il tratto fra il 10° e l'11° km dell'autostrada Roma-Ostia. Il tentativo si svolse in una sola prova (ascendente e discendente) ottenendo

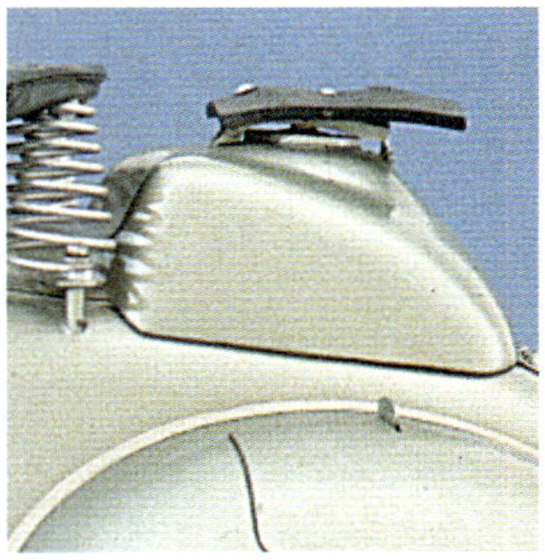

immediatamente il record; la media base di 171 km superava infatti nettamente il precedente primato appartenente alla Mondial ottenuto con una motoleggera omonima guidata da Gino Cavanna. Nel primo passaggio, da Roma verso Ostia, lo scooter Piaggio stabilì il tempo di 20" e 64 centesimi realizzando la media di 174,418 km/h; nel secondo passaggio, in senso inverso, la Vespa conseguì invece la media di 169,910 km/h nel tempo di 21"e 44 centesimi.
La velocità media oraria fu dunque precisamente di 171,102 km/h (corrispondenti a 106 miglia orarie) e il tempo medio fu di 21" e 4 centesimi.
Che il risultato ottenuto fosse di particolare prestigio lo dimostra il fatto che subito dopo altre Case importanti si impegnarono per batterlo, fino a che la Innocenti non ci riuscì con una Lambretta che venne spinta a 202 km/h. Successivamente però l'incidente che costò la vita al pilota Renato Magi mentre tentava di migliorare il record in sella a uno scooter MV dissuase praticamente tutti dal ritentare l'impresa.

LA VESPA CHE CONQUISTA NOVE MEDAGLIE D'ORO ALLA "SEI GIORNI" INTERNAZIONALE DEL 1951. SONO VISIBILI GLI INTERVENTI SULLE SOSPENSIONI, SUL PARAFANGO E SUL FANALE ANTERIORI. VIENE INOLTRE AGGIUNTA LA RUOTA DI SCORTA E UN SERBATOIO SUPPLEMENTARE.

125 SPORT PROTOTIPO

La Vespa bolide da corsa: perché no? Nel 1948 i due fratelli Politano, concessionari Piaggio di Cosenza, vestono lo scooter Piaggio con una carrozzeria alleggerita e "aerodinamica" con la quale si prefiggono di vincere qualche gara del Campionato nazionale a cui poi partecipano effettivamente con diversi successi. Il motore "a vista" con carburatore maggiorato e scarico libero viene direttamente elaborato dalla Casa di Pontedera. La 125 Sport prototipo ha un serbatoio per un rifornimento rapido che si integra con il sellino anatomico

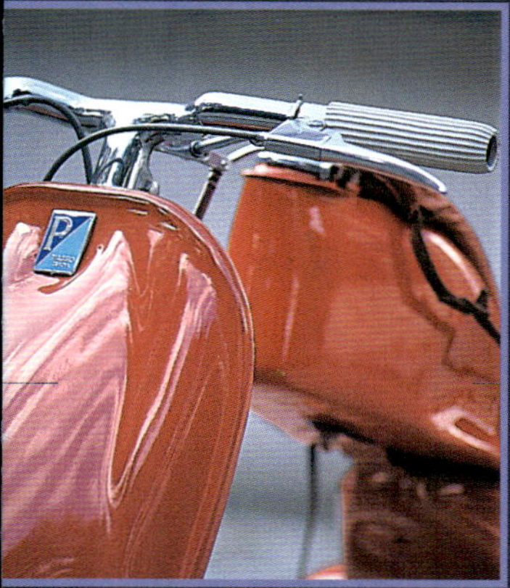

Motore: monocilindrico orizzontale due tempi, cilindrata 124,85 cc, potenza 6 CV a 6000 giri/min, carburatore Dell'Orto 22, cambio a tre marce, lubrificazione con miscela 10%, velocità massima 95 km/h.

Motore: monocilindrico orizzontale due tempi, cilindrata 124.85 cc, potenza 7 CV a 6750 giri, carburatore Dell'Orto da 23 mm, cambio a 3 marce, lubrificazione con miscela 10%, velocità massima 95 Km/h.

125 SEI GIORNI

La più ricercata da tutti i collezionisti: è la mitica "Sei giorni". Prende nome dalla durissima gara di regolarità nella quale ha ben figurato nel 1951, conquistando numerose medaglie d'oro. Realizzata in poche centinaia di esemplari, si riconosce per la sua scocca particolarmente irrobustita in vista dell'impiego agonistico, che presenta anche il fuoristrada. Ma quello che più la caratterizza è il serbatoio maggiorato e posto dietro alla sella, con tanto di supportino di sostegno per permettere al pilota di allungarsi in piena velocità.

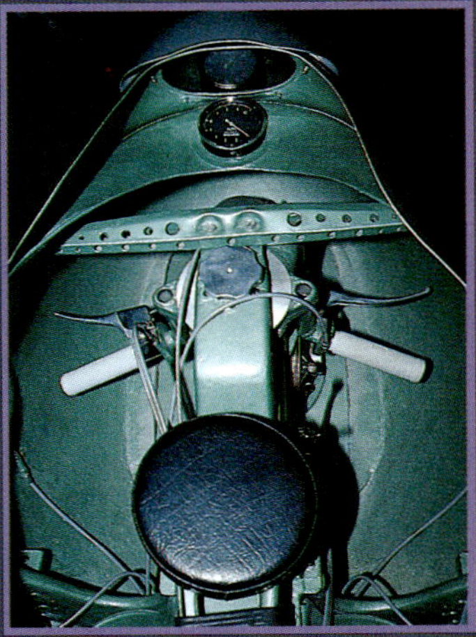

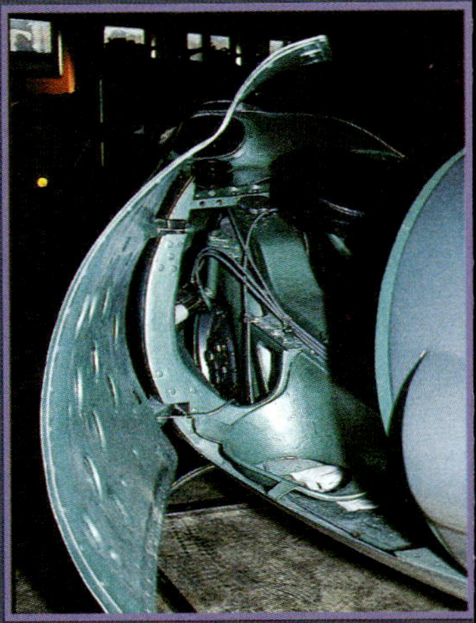

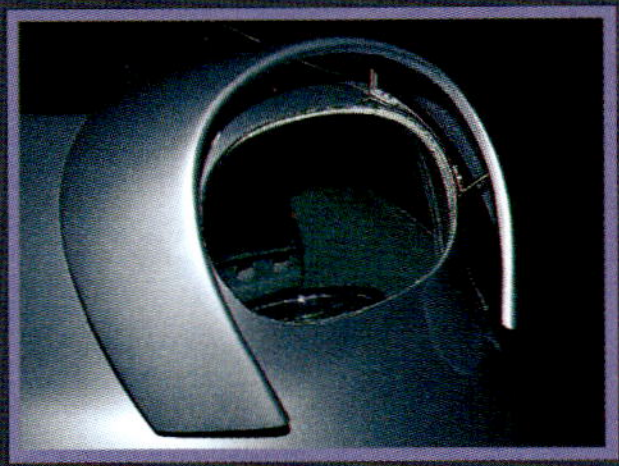

Motore: 2 cilindri contrapposti, 2 tempi, raffreddamento ad acqua, 2 carburatori, miscela alcool e olio 12%.

Vespa SILURO

1951, AUTOSTRADA ROMA-OSTIA. CON QUESTO STRAORDINARIO SILURO ARGENTATO, LA MATTINA DEL 9 FEBBRAIO, IL PILOTA DINO MAZZONCINI CONQUISTA IL NUOVO RECORD MONDIALE DI VELOCITÀ SUL CHILOMETRO LANCIATO: 171 KM/H.

90 Super Sprint

Partendo dalla base del neonato "Cinquantino" la Casa di Pontedera studia un modello più "sprintoso": nasce così nel 1966 la Vespa 90 Super Sprint. Si tratta di un modello inconfondibile (e anche raro) per il particolare bauletto posto fra la sella e lo sterzo che chiude il vano centrale della scocca. La 90 SS ha un manubrio molto stretto, il parafango appuntito e la ruota di scorta (fra le gambe del guidatore) le cui coppe hanno lo stesso colore della carrozzeria. Un mezzo sportivo dunque ma anche elegante!

Motore: monocilindrico orizzontale due tempi, cilindrata 88,5 cc, potenza 6 CV a 6000 giri/min, carburatore Dell'Orto SHB 16, cambio a 4 marce, lubrificazione con miscela 2%, velocità massima 93 km/h.

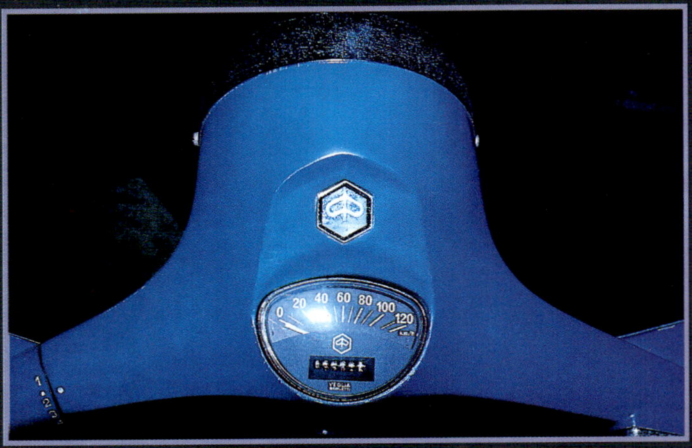

Motore: monocilindrico orizzontale due tempi, cilindrata 180.7 cc, potenza 10.4 CV a 5700 giri, carburatore Dell'Orto da 20 mm, cambio a 4 marce, lubrificazione con miscela 2%, velocità massima 106 Km/h.

180 RALLY

Nata nel 1968, è rimasta a lungo lo scooter più potente e veloce in circolazione. Mai fino a quel momento la Piaggio aveva costruito una Vespa di prestazioni così elevate. Progenitrice della ancor più sportiva 200 Rally, ha una potenza di oltre 10 Cv che le consente di superare agevolmente i 100 Km/h. Rispetto alla precedente 180 SS presenta una carrozzeria più moderna (priva di modanature) ed un motore più potente (con l'aspirazione a valvola rotante).

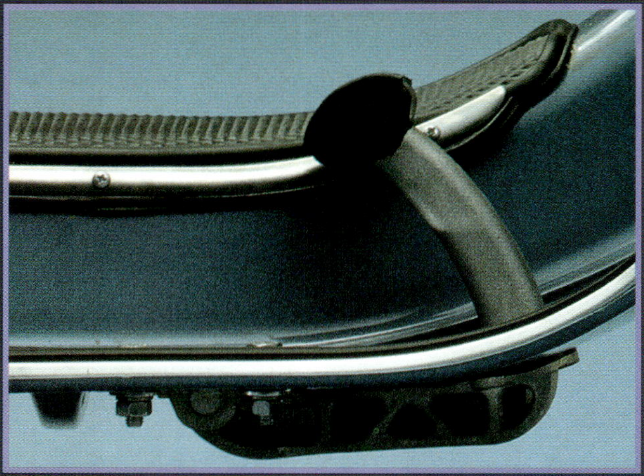

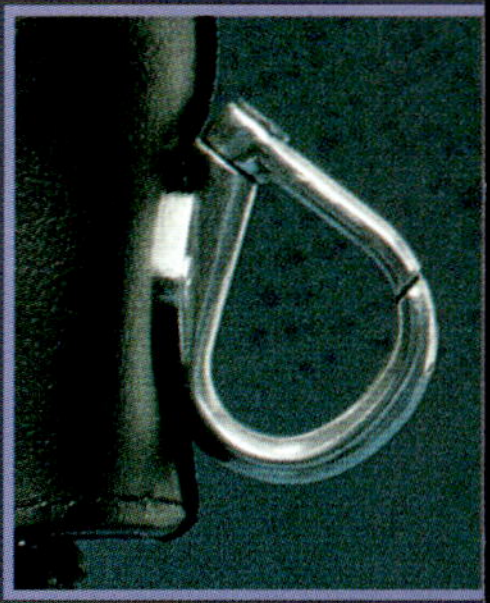

Motore: monocilindrico orizzontale due tempi, cilindrata 121.2 cc, potenza 5.6 CV a 5500 giri, carburatore Dell'Orto da 19 mm, cambio a 4 marce, lubrificazione con miscela 2%, velocità massima 85 Km/h.

125 PRIMAVERA

IN ASSOLUTO UNO DEI MODELLI VESPA PIÙ RIUSCITI E MAGGIORMENTE RICHIESTI. NASCE NEL 1967 MA AVRÀ IL SUO BOOM NEI PRIMI ANNI SETTANTA QUANDO DIVENTA ADDIRITTURA DI MODA PER I SEDICENNI DI ALLORA. VIENE VENDUTA IN OLTRE 220MILA ESEMPLARI A DIMOSTRAZIONE DEL SUO ENORME SUCCESSO. BUONE PRESTAZIONI ED ESTETICA AZZECCATA (SOPRATTUTTO NELLA COLORAZIONE BIANCA) LE HANNO PERMESSO DI RIMANERE PRATICAMENTE IMMUTATA IN LISTINO PER MOLTI ANNI. È STATA AFFIANCATA DALLA PIÙ POTENTE SERIE ET3 (ELETTRONICA, 3 TRAVASI).

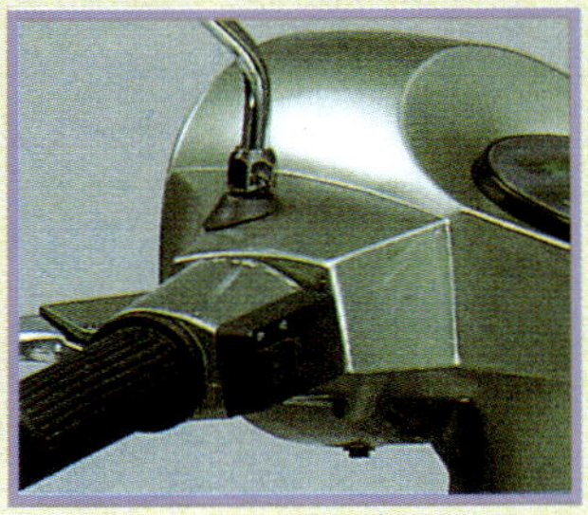

Motore: monocilindrico orizzontale due tempi, cilindrata 123.4 cc, potenza 8.5 CV a 6700 giri, carburatore Dell'Orto da 16 mm, cambio a 4 marce, lubrificazione con miscela 2%, velocità massima 95 Km/h.

125 PX

Nasce nel 1978 quando viene introdotta la "Nuova Linea". Tutti aspettavano al varco la Piaggio per questo cambiamento epocale. Il risultato? Perfetto: una Vespa dalla linea così bella da rimanere ancora in listino, praticamente immutata, oltre vent'anni dopo. Rispetto ai modelli anni Settanta è migliorata soprattutto nelle sospensioni, mentre alla fine degli anni Novanta è stata dotata di freno a disco anteriore. In listino anche nel terzo millennio, dimostra come sia possibile possedere una Vespa d'epoca acquistandola nuova dal concessionario.

PARTE VI

I NUMERI

LA VESPA NEI PRIMI DIECI ANNI DI VITA

Anche i numeri servono per capire come nasce e si sviluppa un mito. Quelli relativi alla Vespa ci dicono che il successo, nei primi dieci anni della sua vita, fu progressivo e costante: nessuno scossone, nessun picco ma nemmeno drammatiche cadute. La Vespa dunque si è andata radicando nel mercato come fa una quercia, affondando cioè le radici in profondità. Nessun'altra Casa costruttrice di scooter ha saputo fare altrettanto. Nemmeno l'Innocenti, che pure si contrapponeva validamente alla Piaggio. E così, quando la concorrenza dell'automobile si trasformò in una bufera spazzatutto, le altre marche cominciarono melanconicamente a spegnersi. La Vespa invece utilizzò quello stesso vento per attizzare nuovi fuochi in altre parti del mondo.
Dopo il 1971, lo scooter Piaggio è infatti il solo a sopravvi-

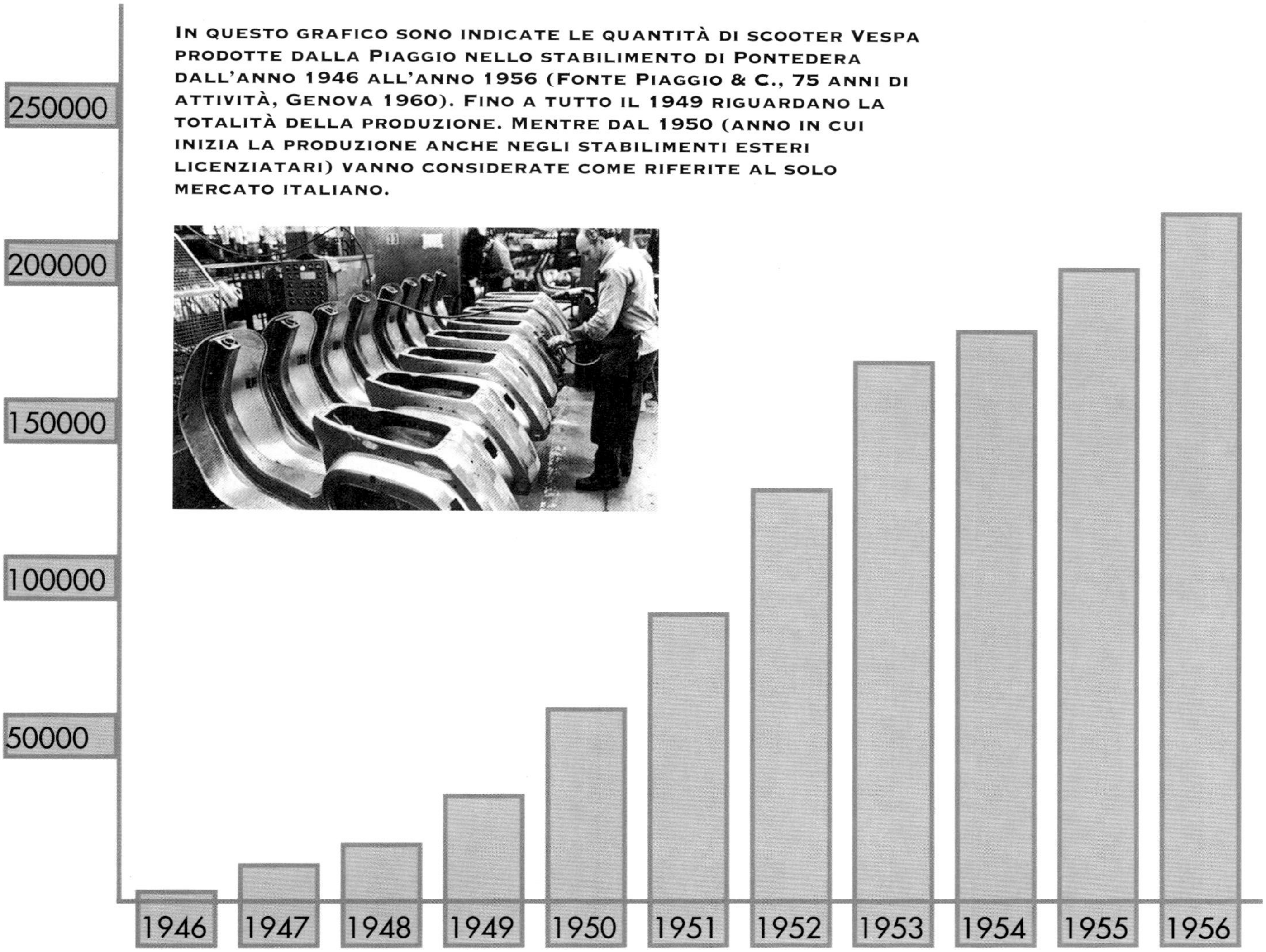

In questo grafico sono indicate le quantità di scooter Vespa prodotte dalla Piaggio nello stabilimento di Pontedera dall'anno 1946 all'anno 1956 (Fonte Piaggio & C., 75 anni di attività, Genova 1960). Fino a tutto il 1949 riguardano la totalità della produzione. Mentre dal 1950 (anno in cui inizia la produzione anche negli stabilimenti esteri licenziatari) vanno considerate come riferite al solo mercato italiano.

vere sul mercato. Ma non fu la buona sorte che ne garantì il successo. E nemmeno le indubbie qualità tecniche o lo stupendo design (la Vespa, come la Cisitalia di Pininfarina, ci rappresenta nel Museo d'Arte Moderna di New York). Contò forse di più, come abbiamo visto, l'immagine positiva e accattivante che la Piaggio era riuscita a costruire nel corso degli anni attorno a questo suo prodotto. Contarono i Club. Contò la pubblicità. Ma la vera carta vincente fu la capacità della Casa di Pontedera di interpretare i tempi e di reinventare la Vespa in continuazione a seconda delle aspettative della gente. Operazione che continua ancora ai giorni nostri con successo.

I dati statistici che pubblichiamo qui di seguito, relativi alla produzione della Vespa dal 1949 al 1959, documentano il grafico di questo successo. Le cifre riportate si riferiscono alla produzione del solo stabilimento di Pontedera e non comprendono la produzione (iniziata nel 1950) delle fabbriche estere licenziatarie.

1946

LA PRODUZIONE DELLA VESPA 98 INIZIA NEL MARZO DEL 1946, PRIMA ANCORA CHE LO SCOOTER VENGA BREVETTATO. A PARTIRE DAL MESE DI MAGGIO INCOMINCIA INVECE L'ALLESTIMENTO DEL PRIMO MODELLO 125 TIPO RIGIDO, PROGETTATO PER L'ESPORTAZIONE.

98

MESE	MONTATE	COLLAUDATE	RIFINITE	A MAGAZZINO	SPEDITE		
					interno	estero	TOT
Marzo	10	9	9	-	9	-	9
Aprile	20	15	15	-	15	-	15
Maggio	45	42	42	-	42	-	42
Giugno	140	130	130	-	130	-	130
Luglio	150	145	143	4	141	-	141
Agosto	280	272	272	-	276	-	276
Settembre	415	408	408	29	379	-	379
Ottobre	435	404	404	56	377	-	377
Novembre	476	436	436	142	350	-	350
Dicembre	539	605	605	119	628	-	628

125 *tipo rigido*

MESE	MONTATE	COLLAUDATE	RIFINITE	A MAGAZZINO	SPEDITE		
					interno	estero	TOT
Maggio	3	3	3	-	-	3	3
Giugno	-	-	-	-	-	-	-
Luglio	7	7	7	2	-	5	5
Agosto	15	15	15	1	-	16	16
Settembre	3	3	3	-	-	4	4
Ottobre	2	2	2	-	-	2	2
Novembre	74	64	64	53	-	11	11
Dicembre	61	71	71	28	-	96	96

1947

Nel 1947 si hanno i primi risultati positivi. Mentre però per la Vespa 98 la crescita è quasi sempre costante, per la 125 tipo rigido la produzione ha un andamento più incerto, tanto che nel mese di aprile non ne viene costruito un solo esemplare.

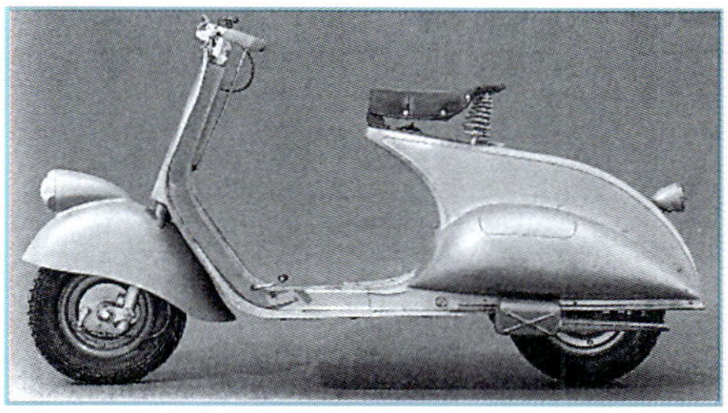

98

MESE	MONTATE	COLLAUDATE	RIFINITE	A MAGAZZINO	SPEDITE		
					interno	estero	TOT
Gennaio	510	385	385	137	367	-	367
Febbraio	428	371	470	181	426	-	426
Marzo	696	414	515	52	644	-	644
Aprile	430	604	604	46	610	-	610
Maggio	500	536	480	149	377	-	377
Giugno	539	592	592	78	663	-	663
Luglio	737	771	788	39	827	-	827
Agosto	847	793	773	44	767	-	767
Settembre	993	992	992	41	995	-	995
Ottobre	1318	1226	1285	5	1321	-	1321
Novembre	1223	1315	1315	-	1320	-	1320
Dicembre	1352	1351	1250	101	1149	-	1149

La Vespa 98 del 1947, con il portapacchi metallico: un accessorio dell'epoca.

125 *tipo rigido*

MESE	MONTATE	COLLAUDATE	RIFINITE	A MAGAZZINO	SPEDITE interno	SPEDITE estero	SPEDITE TOT
Gennaio	102	69	69	24	-	73	73
Febbraio	60	79	79	103	-	-	-
Marzo	79	40	40	19	-	124	124
Aprile	-	1	1	10	-	10	10
Maggio	270	260	260	118	-	152	152
Giugno	42	63	63	151	-	30	30
Luglio	177	182	182	8	-	325	325
Agosto	108	76	107	-	-	115	115
Settembre	207	208	204	-	-	204	204
Ottobre	2	33	30	25	-	5	5
Novembre	20	20	12	31	-	6	6
Dicembre	50	50	40	69	-	2	2

1948

IL 1948 È UN ANNO IMPORTANTE PER LA VESPA CHE, DOTATA DI UNA SOSPENSIONE ANTERIORE, ASSUME GENERALMENTE UNA MOTORIZZAZIONE DI 125 CC. I VECCHI MODELLI RIMANGONO COMUNQUE IN PRODUZIONE FINO AL MESE DI MARZO PER SODDISFARE LE PRENOTAZIONI INEVASE.

98

MESE	MONTATE	COLLAUDATE	RIFINITE	A MAGAZZINO	SPEDITE interno	SPEDITE estero	SPEDITE TOT
Gennaio	1345	1390	1410	23	1488	-	1488
Febbraio	1434	1361	1366	-	1389	-	1389
Marzo	169	354	430	89	341	-	341

125 *tipo rigido*

MESE	MONTATE	COLLAUDATE	RIFINITE	A MAGAZZINO	SPEDITE interno	SPEDITE estero	SPEDITE TOT
Gennaio	-	-	30	34	-	65	65
Febbraio	-	-	-	28	-	6	6
Marzo	575	575	575	-	119	484	603

MESE	MONTATE	COLLAUDATE	RIFINITE	A MAGAZZINO	SPEDITE interno	SPEDITE estero	SPEDITE TOT
Gennaio	207	215	194	10	194	4	198
Febbraio	2	2	2	-	2	-	2
Marzo	180	157	144	-	111	33	144
Aprile	1520	1493	1457	-	1441	16	1457
Maggio	1652	1601	1607	7	1399	1	1400
Giugno	1518	1430	1430	4	1433	-	1433
Luglio	2017	2034	2027	2	2028	1	2029
Agosto	1396	1626	1604	27	1543	36	1579
Settembre	1992	2004	2011	36	1871	131	2002
Ottobre	1933	1955	1951	8	1861	118	1979
Novembre	1773	1801	1800	49	1516	243	1759
Dicembre	1790	1805	1784	22	1642	185	1827

Il furgone Ape appartiene sempre alla grande famiglia della Vespa. Viene creato dalla Casa di Pontedera nel 1947 per soddisfare le esigenze del piccolo trasporto commerciale. Quello che vediamo raffigurato qui accanto è una variazione sul tema: il Calessino. Questo specifico mezzo veniva usato soprattutto come taxi nelle località marittime come Capri o Riccione. Il sedile posteriore offre comodo spazio per due persone, ma all'occorrenza, si sta anche in tre.

1949

A partire dall'aprile 1949 rimane in produzione soltanto la Vespa 125 ammortizzata. Il modello con telaio rigido viene prodotto in soli 575 esemplari dei quali 119 vengono trasformati in 98 cc per essere destinati al mercato nazionale.

125

MESE	MONTATE	COLLAUDATE	RIFINITE	A MAGAZZINO	SPEDITE		
					interno	estero	TOT
Gennaio	1940	1851	1850	64	1802	6	1808
Febbraio	1820	1911	1913	140	1823	14	1837
Marzo	2330	2257	2307	32	2413	2	2415
Aprile	2334	2272	2302	16	2142	176	2318
Maggio	2854	2883	2813	20	2719	90	2809
Giugno	3178	3191	3227	110	3040	97	3137
Luglio	3682	3641	3550	-	3443	217	3660
Agosto	2924	3080	3200	34	3906	160	3166
Settembre	3950	3877	3900	153	3590	191	3781
Ottobre	2779	2745	2707	93	2696	71	2767
Novembre	3953	3902	3909	148	3814	40	3854
Dicembre	3999	4049	4000	615	3530	3	3533

La Vespa 125 del 1949 con un piccolo paracolpi sulla campana anteriore.

IL 1950 MANTIENE L'ANDAMENTO CRESCENTE DELLA PRODUZIONE. INIZIA L'ATTIVITÀ DELLE LICENZIATARIE FRANCESI E INGLESI: NEI MESI DI NOVEMBRE E DICEMBRE VENGONO COSTRUITI RISPETTIVAMENTE 1600 E 2200 ESEMPLARI IN PARTI STACCATE PER IL MONTAGGIO IN FRANCIA.

1950

125

MESE	MONTATE	COLLAUDATE	RIFINITE	A MAGAZZINO	SPEDITE		
					interno	estero	TOT
Gennaio	4019	3946	4000	748	3822	45	3867
Febbraio	4011	4004	4000	332	3873	543	4416
Marzo	4744	4829	4800	2	4519	611	5130
Aprile	5099	5079	5102	50	4691	393	5054
Maggio	5425	5461	5400	1	4952	496	5449
Giugno	5199	5236	5292	30	4833	832	5263
Luglio	5757	5766	5700	38	3944	859	5692
Agosto	4333	4287	4305	69	4850	330	4274
Settembre	5846	5887	5900	198	4090	621	5471
Ottobre	4543	4627	4600	331	1301	677	4767
Novembre	4943	4985	5047	3424	3810	653	1954
Dicembre	2628	2588	2572	3629	2200	157	2057

1951

I PRIMI DUE MESI DEL 1951 SONO "SEGNATI" DA UNA LUNGA SERIE DI SCIOPERI CHE RALLENTANO LA PRODUZIONE DELLA PIAGGIO. A PARTIRE DA MARZO PERÒ C'È SUBITO UNA NOTEVOLE IMPENNATA CHE SI CONCRETIZZA CON UNA PUNTA MASSIMA DI 7843 VESPA COSTRUITE A LUGLIO.

125

MESE	MONTATE	COLLAUDATE	RIFINITE	A MAGAZZINO	SPEDITE		
					interno	estero	TOT
Gennaio	3054	3039	3000	3303	2984	352	3336
Febbraio	4804	4706	4650	2232	4861	860	5721
Marzo	6436	6399	6400	288	6556	1788	8344
Aprile	6338	6321	6300	191	4954	1459	6413
Maggio	7009	6986	7000	244	5835	1112	6947
Giugno	7254	7258	7250	199	5612	1683	7295
Luglio	7843	7986	7846	7	6673	1365	8038
Agosto	5640	5711	5786	145	4978	670	5648
Settembre	7586	7557	7500	203	5813	1629	7442
Ottobre	6347	6346	6380	885	5023	674	5697
Novembre	7525	7474	7500	2961	3852	1572	5424
Dicembre	6915	6901	6856	4981	2857	1979	4836

IL MODELLO 1951 DELLA VESPA 125 NON HA PIÙ IL CAMBIO "A BACCHETTA".

ANCHE NEL 1952 SI CONTINUANO A REGISTRARE CONSISTENTI AUMENTI NELLA PRODUZIONE VESPA. DA RICORDARE INOLTRE CHE NEL MESE DI NOVEMBRE VIENE PRESENTATO IL MODELLO 53, MENTRE DA DICEMBRE VIENE COSTRUITA ANCHE LA VERSIONE UTILITARIA (53 U).

1952

125

MESE	MONTATE	COLLAUDATE	RIFINITE	A MAGAZZINO	SPEDITE		
					interno	estero	TOT
Gennaio	7900	7900	7900	8533	3424	924	4348
Febbraio	8000	8000	8000	10624	4449	1460	5909
Marzo	7977	8000	8000	9787	6542	2287	8829
Aprile	7600	7600	7680	8919	7201	1352	8553
Maggio	7968	8000	8000	10096	4660	2167	6827
Giugno	7392	7373	7360	9686	5759	2011	7770
Luglio	7842	7855	7853	1343	11039	5157	16196
Agosto	4143	4262	4208	636	3205	1710	4915
Settembre	7596	7449	7500	163	5706	2294	8000
Ottobre	7524	7472	7480	851	6493	272	6765
Novembre	5832	6001	5958	2250	1247	3308	4555
Dicembre	7230	7136	7222	2246	2246	2140	7226

1953

MESE	VESPA
Gennaio	8224
Febbraio	7222
Marzo	7340
Aprile	8549
Maggio	9272
Giugno	9220
Luglio	10283
Agosto	6573
Settembre	9280
Ottobre	7864
Novembre	8126
Dicembre	8755
TOTALE	100708

NEL GENNAIO DEL 1953 MUTANO I CRITERI DI CLASSIFICAZIONE DEI DATI QUI RIPORTATI. A PARTIRE DAL FEBBRAIO 1953 I NUMERI DI PRODUZIONE VENGONO DUNQUE RACCOLTI IN UN'UNICA CATEGORIA RELATIVA ALLE VESPA "PRODOTTE". A LATO, LA VESPA 125 U DEL 1953.

1954

MESE	VESPA 125	VESPA 150	VESPA GS	TOT VESPA
Gennaio	9164	-	-	9164
Febbraio	9501	-	-	9501
Marzo	10310	-	-	10310
Aprile	9990	-	-	9990
Maggio	9642	-	-	9642
Giugno	9089	-	-	9089
Luglio	9469	-	-	9469
Agosto	5192	-	-	5192
Settembre	9491	-	-	9491
Ottobre	7861	608	-	8439
Novembre	4854	3520	-	8374
Dicembre	5748	3045	10	8803
TOTALE	100287	7173	10	107470

IL 1954 SEGNA L'INGRESSO DI DUE NUOVI MODELLI DESTINATI AD UN GRANDE SUCCESSO: SI TRATTA DELLA VESPA CON LA NUOVA MOTORIZZAZIONE DI 150 CC E, NEL MESE DI OTTOBRE, LA PIÙ SPORTIVA 150 GRAN SPORT DI CUI VENGONO ALLESTITI I PRIMI DIECI ESEMPLARI.

1955

MESE	VESPA 125	VESPA 150	VESPA GS	TOT VESPA
Gennaio	132	8268	50	8450
Febbraio	-	8326	90	8416
Marzo	-	9331	413	9744
Aprile	976	6454	740	8170
Maggio	4090	3655	1160	8905
Giugno	4534	2296	1500	8330
Luglio	5862	1858	1358	9078
Agosto	2969	1808	813	5590
Settembre	4973	3560	1400	9933
Ottobre	3843	4016	1441	9300
Novembre	2821	4458	1496	8775
Dicembre	5190	2767	1186	9143
TOTALE	35390	56797	11647	103834

IL 1955 MANIFESTA UNA NOTEVOLE AFFERMAZIONE DEI NUOVI MODELLI A SCAPITO DELLA VECCHIA VERSIONE 125 DI CUI, NEL MESE DI GENNAIO, VENGONO COSTRUITI SOLO 132 ESEMPLARI.

1956

MESE	VESPA 125	VESPA 150	VESPA GS	TOT VESPA
Gennaio	5318	4226	479	10020
Febbraio	4579	5061	144	9784
Marzo	4788	5493	20	10301
Aprile	4192	5219	322	9733
Maggio	3208	5998	1251	10457
Giugno	2545	6747	1400	10692
Luglio	3567	6708	1575	11850
Agosto	1693	4262	821	6776
Settembre	3356	5972	1437	10765
Ottobre	4484	5871	1407	11762
Novembre	4060	5478	1312	10850
Dicembre	3520	4552	1428	9500
TOTALE	45310	65587	11596	122493

IL 1956 È L'ANNO DELLA VESPA GS: LE VENDITE, DOPO L'INEVITABILE "RODAGGIO", INIZIANO AD ASSESTARSI SU MEDIE DI GRANDE RIGUARDO. LA MAGGIORE PRODUZIONE RESTA NATURALMENTE QUELLA DEI DUE MODELLI "UTILITARI".

PARTE VII

IL FUTURO

VESPA E PIAGGIO IN VOLO OLTRE IL 2000

Siamo al 2000! Lo abbiamo invocato talmente tante volte in questi ultimi anni che non ci pare vero esserci già arrivati. Dire "2000" ha sempre voluto dire qualcosa di molto lontano, tutto da inventare e tutto da scoprire. Ma ora che ci siamo, con una certa sorpresa ci rendiamo conto che molte di quelle cose tante volte prefigurate non si sono realizzate.
Dove sono le auto con le pinne e le calotte in plexiglas simili a dischi volanti? Non ci sono nemmeno le strade a mezz'aria, tra un grattacielo e l'altro. Uomini e donne non indossano guaine o tute metalliche. Ma soprattutto a nessuno viene in mente di mangiare una pillola al posto di un piatto di spaghetti.
Quei futurologi che ci descrivevano la Terra come fosse Marte, hanno preso dunque un bel granchio. Il mondo è andato in un'altra direzione, cambiando d'accordo, ma non nel modo previsto. Alla fantasia sfrenata si è preferita la concretezza e la praticità. E molte cose, le migliori,

LA PIAGGIO È SEMPRE ALLA CONTINUA RICERCA DI NUOVE IDEE. TRA I PRODOTTI DELL'ULTIMA GENERAZIONE C'È L'HEXAGON, CONDENSATO DI ABITABILITÀ, COMFORT, CAPACITÀ DI TRASPORTO, ERGONOMIA (QUI SOPRA UN BOZZETTO PREPARATORIO). QUI A DESTRA INVECE IL TRIBUTO A UN PASSATO DI CUI LA PIAGGIO È SEMPRE ORGOGLIOSA: LA VESPA 50 PRODOTTA NEL 1991 IN 3000 ESEMPLARI NUMERATI PER RICORDARE IL RIVOLUZIONARIO "CINQUANTINO" DEGLI ANNI SESSANTA.

Vespa

LA DONNA HA SEMPRE AIUTATO CON LA SUA IMMAGINE LA VESPA, E LA VESPA HA FATTO ALTRETTANTO NEI CONFRONTI DELLA DONNA ACCOMPAGNANDOLA NELLA SUA BATTAGLIA PER L'EMANCIPAZIONE. ORA CHE IL TRAGUARDO È STATO RAGGIUNTO LE RAGAZZE POSSONO QUASI ESIBIRLA COME UNA BANDIERA. "PRONTO, ROBERTO, VENGO A PRENDERTI IN VESPA..." SEMBRA DIRE LA RAGAZZA AL TELEFONO. CAMBIANO I TEMPI. NON È CAMBIATA LA VESPA...

naturalmente sono rimaste. Alcune si sono conservate addirittura immutate. Tra queste la Vespa, un mito che è riuscito a sopravvivere ad altri che sembravano ugualmente indistruttibili, come quelli del Volkswagen Maggiolino e della Citroën 2CV. È cambiato soltanto l'approccio.

Il candore e la semplicità con cui la Vespa si propose oltre cinquant'anni fa agli italiani, oggi non troverebbero la stessa accoglienza. Il prodotto, come si dice in gergo, è diventato maturo e la visione che ne hanno le nuove generazioni è completamente diversa. La Vespa ora rappresenta un mezzo tecnicamente sofisticato e specializzato, complementare e non più alternativo all'automobile. La sua caratteristica vincente è quella di risultare ideale nel traffico cittadino. La sua immagine è incredibilmente giovane e fresca. Ma soprattutto non è più un fenomeno locale, un elemento, come fu detto all'inizio, inscindibile dal paesaggio italiano. La sua collocazione è internazionale. La Vespa è ovunque.

Qual'è stato il segreto che le ha permesso una così decisa metamorfosi?

Sicuramente la sua capacità di rinascere continuamente, pur restando sempre uguale a se stessa. La Piaggio, partendo da un miracolo, ha compiuto un altro miracolo. Piuttosto ha dato sempre più corpo allo spirito che aveva

LA VESPA È DIVENTATA SINONIMO DI "FRESCHEZZA", COMPLICI I GIOVANI CHE NE HANNO FATTO IL LORO MEZZO PREFERITO. IN PASSATO, SI È DETTO, LA VESPA FACEVA PARTE DEL PAESAGGIO RURALE ITALIANO. OGGI È INVECE INTERPRETE IRRINUNCIABILE DI QUELLO URBANO. E SE UN TEMPO SULLE VECCHIE VESPA SI AFFOLLAVA PERFINO UN'INTERA FAMIGLIA, OGGI CI SONO SOPRATTUTTO I GIOVANI CHE L'HANNO ELETTA COMPAGNA DI VITA SE NON ADDIRITTURA "COMPLICE" DEI LORO PRIMI AMORI SECONDO UNA FILOSOFIA NON DEL TUTTO SCONOSCIUTA ALLA PIAGGIO CHE NE AVEVA FATTO ADDIRITTURA UNO SLOGAN PUBBLICITARIO DI GRANDE SUCCESSO: "CHI VESPA MANGIA LE MELE".

determinato la nascita della Vespa: offrire al pubblico mezzi pratici, affidabili e tecnologicamente avanzati che sposassero i bisogni reali della gente. E ben interpretando i diversi momenti storici, ha aggiunto idee a idee. La famiglia della Vespa è così cresciuta.

La gamma dei veicoli (arricchita anche dall'acquisizione di nuovi prestigiosi marchi come la Gilera) oggi supera i 50 modelli tra ciclomotori, scooter e veicoli a tre e a quattro ruote, con motorizzazioni le più diverse. E siccome l'ecologia è un tema di grande attualità, ecco già pronta la Vespa mossa da un motore elettrico!

E con la nuovissima ET 4 con motore a quattro tempi, la Vespa è pronta ad affrontare le più serie normative antinquinamento. Ma anche la Piaggio si è "allargata". L'unità produttiva principale resta naturalmente sempre quella di Pontedera, dove sorge il più grande e il più moderno stabilimento d'Europa per la produzione dei veicoli a due

La Piaggio si prepara a confrontarsi con il più grande mercato del mondo: la Cina, dove già è in funzione un modernissimo stabilimento: la Piaggio Lyman Foshan Motorcycle (nelle foto accanto). Nel frattempo si appresta a lanciare un nuovo prodotto: la Sfera con motore a quattro tempi.

ruote. Ma la Società è anche in tutto il resto del mondo. I suoi modelli vengono costruiti in Spagna (dalla controllata Motovespa di Madrid), India (in joint venture con la LML di Kampur), Repubblica Popolare Cinese (dalla joint venture Piaggio Lyman Foshan), Taiwan (dalla licenziataria Taiwan Vespa Co.), Indonesia (dalla licenziataria Danmotors), Thailandia (dalla licenziataria Thai Yarnion), Iran (dalla licenziataria Sherkate Tolide), Pakistan (dalla licenziataria Radjia Industries), Tunisia, Egitto, Cecoslovacchia, Equador, Congo e Venezuela. Tutto que-

sto secondo una logica che risale all'esordio, quando la Piaggio capì immediatamente che il miracolo Vespa non avrebbe trovato terreno fertile solo in Italia, ma anche in Francia, Germania, Belgio, Spagna, in Inghilterra. In queste nazioni operarono società licenziatarie come l' l'A.C.M.A. di Parigi, l'Hoffman, la Messerschmitt, la M.I.S.A. di Bruxelles e la inglese Douglas. E ovunque fu un successo che ripetè quegli stessi entusiasmi che aveva suscitato in Italia. Alle soglie del 2000 dunque la Vespa giunge con tutte le carte in regola per compiere il salto nel nuovo millennio, pronta a rinnovare la scommessa giocata quel lontano 1946. Il veicolo a due ruote e lo scooter in particolare hanno sicuramente davanti a sé un grande avvenire. Il traffico caotico nelle città, la necessità di limitare l'inquinamento, le difficoltà di parcheggio, sono elementi che fanno realisticamente supporre che la vecchia e simpatica Vespa tuttofare di cinquant'anni fa continuerà perciò ad accompagnarci, anche nei cinquant'anni a venire...

Gli stabilimenti Piaggio di Pontedera (Pisa) sono il più importante polo tecnologico europeo delle due ruote a motore. Le sue linee produttive costituiscono un modello di riferimento per tutta l'industra del settore. Nella foto sopra una vista aerea del complesso che copre una superficie complessiva di 600 mila metri quadri.

50 VESPA

SONO TRASCORSI CINQUANT'ANNI DAL GIORNO IN CUI FU PRESENTATA AL PUBBLICO LA PRIMA VESPA PIAGGIO, MA NON OCCORRE FARE ALCUNO SFORZO PER RICONOSCERE NELLA VERSIONE ATTUALMENTE IN COMMERCIO LA SUA NIPOTE DIRETTA: STESSO SGUARDO, STESSA ESPRESSIONE, STESSO CORPO. VESTE SOLO, IN MODO SBARAZZINO, UN ABITO PIÙ ATTILLATO CHE SFOGGIA IN MOLTISSIMI DIVERTENTI COLORI. COME LA NONNA, HA GIÀ FATTO EPOCA CON IL SOPRANNOME DI "CINQUANTINO" CHE I RAGAZZI LE HANNO DATO PENSANDO ALLA CILINDRATA E NON CERTO AL MEZZO SECOLO DI TRADIZIONE CHE SI PORTA SULLE SPALLE

Motore: monocilindrico orizzontale due tempi, cilindrata 49,8 cc, potenza massima 2,3 CV, ammissione a valvola rotante, cambio a 3/4 marce, lubrificazione con miscela 2%, velocità massima secondo Codice.

Motore: monocilindrico orizzontale due tempi, cilindrata di 125, 150 e 200 cc, accensione elettronica, cambio a quattro marce, lubrificazione con miscela 6%, velocità massima di 92, 95 e 99 km/h.

150 COSA

Una "Cosa" per sostituire la Vespa? Non esattamente. Se mai... qual-cosa di alternativo, particolarmente adatto alla città, qual-cosa di stilisticamente più avanzato, qual-cosa che leghi il passato al presente ma nello stesso tempo sia propositivo di un nuovo modo d'intendere la Vespa. In pratica quasi un anagramma: Cosa è la Vespa? Vespa è la Cosa! Il nome scelto, superato il primo momento, non crea nessuna frattura e la Cosa entra subito, nel 1987, a far parte della grande famiglia Piaggio di cui rappresenta la naturale evoluzione della specie...

50 ZIP & ZIP

Zip & Zip è la proposta Piaggio per il 2000. Questo scooter bimodale rappresenta la prima applicazione della doppia trazione elettrica-termica (completamente indipendente) prodotta in grande serie. È una soluzione che permette di utilizzare il propulsore tradizionale nella marcia di avvicinamento al centro città, mentre quello elettrico subentra solo nelle zone con accesso regolamentato. Le dimensioni sono le stesse dello Zip 50, da cui deriva. Le batterie sono alloggiate sotto la sella e il caricabatteria trasportabile è inserito nel bauletto portaoggetti dello scudo anteriore

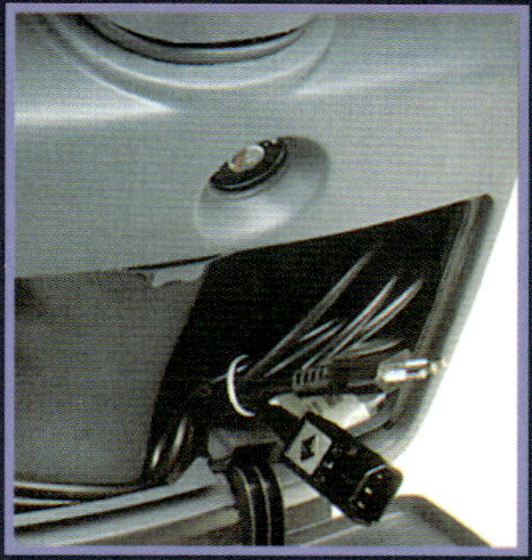

Scooter di tipo bimodale con due propulsori indipendenti: uno elettrico (autonomia compresa tra i 19 e 26 km); l'altro meccanico a due tempi di 49,4 cc, benzina senza piombo, velocità massima secondo Codice.

125 TYPHOON

Uno scooter anche per il fuoristrada... e perché no? Dopotutto la Vespa aveva fatto assai di più quando, chiamata alle armi, era stata mandata al fronte dove si era coperta di gloria. Quell'esperienza le è evidentemente servita perché da lì derivano le qualità fuoristradistiche dello scooter Typhoon (commercializzato dalla Piaggio con il marchio Gilera) che rilancia un tema caro alla "vecchia" Vespa: il turismo. Con questo nuovo scooter si possono programmare gite anche in campagna per sfuggire, almeno una volta, al traffico cittadino

Motore: monocilindrico orizzontale due tempi, cilindrata 123,5 cc, potenza 13,8 CV a 7750 giri/min, carburatore Mikuni 20, cambio automatico, benzina senza piombo, velocità massima 100 km/h.

125 SFERA

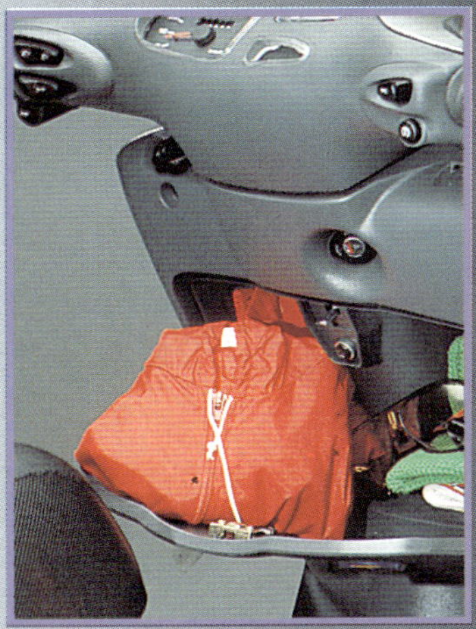

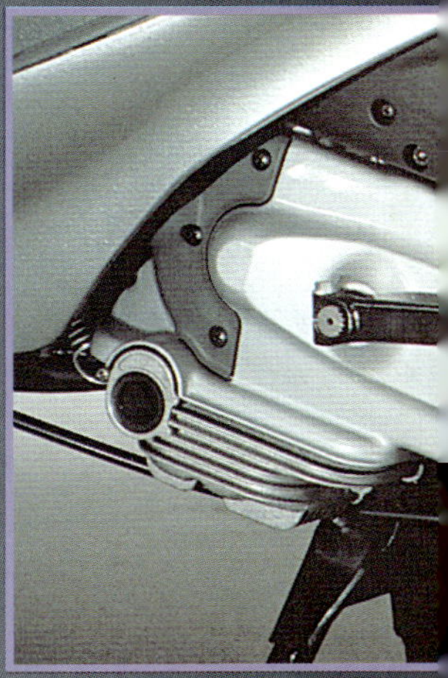

“Il nuovo scooter classico”. Con questa definizione Piaggio lancia nel 1990 la “Sfera”, il primo scooter della Casa di Pontedera realizzato interamente in materiale plastico, novità assoluta rispetto a quanto era stato fatto fino ad allora. Affianca la Vespa di cui non è una evoluzione, ma una reinvenzione che sfrutta le possibilità di utilizzare al meglio i nuovi materiali disponibili sul mercato. Anche il design è alternativo, ed asseconda più efficacemente il gusto dei giovani. La versione 1995 si affina ulteriormente, confermando il successo della nuova linea

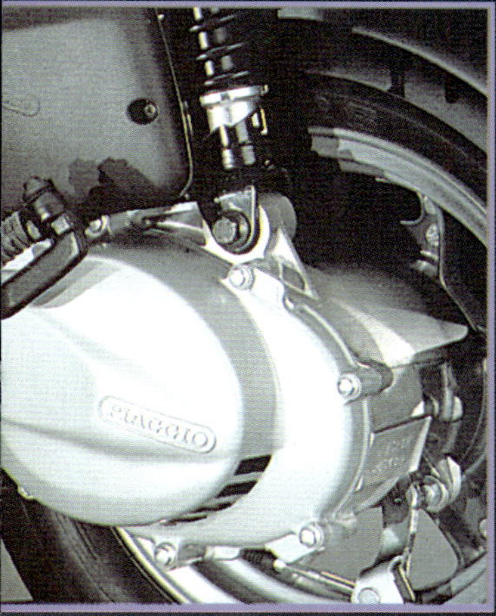

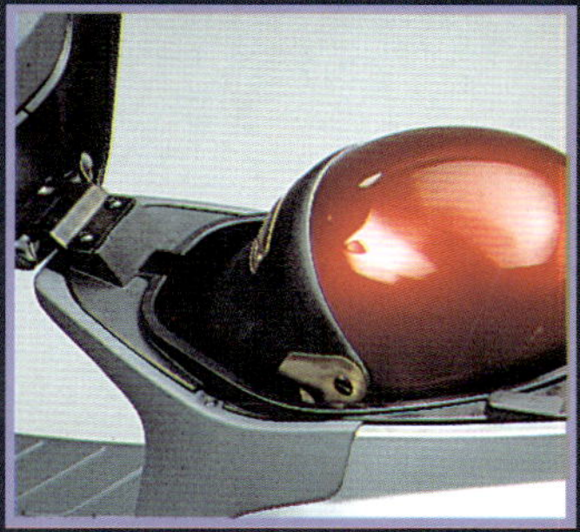

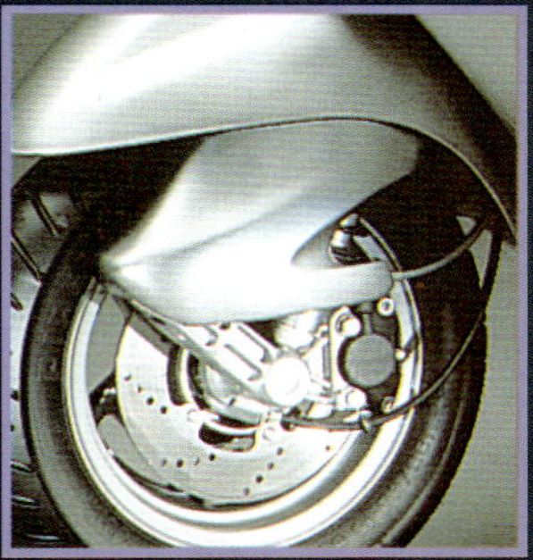

Motore: monocilindrico orizzontale quattro tempi, cilindrata 124,2 cc, potenza 12 CV a 7750 giri/min, carburatore Mikuni 24, cambio automatico, benzina senza piombo, velocità massima 95 km/h.

Motore: monocilindrico orizzontale due tempi, cilindrata 123.5 mm, potenza 14.4 CV a 7500 giri, carburatore Mikuni da 20 mm, cambio automatico, lubrificazione separata, velocità massima 105 km/h.

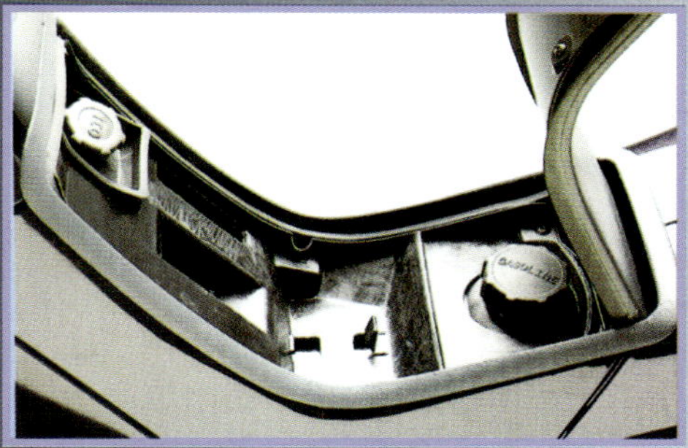

125 HEXAGON

VERA E PROPRIA AUTOMOBILINA DA CITTÀ SU DUE RUOTE, L'HEXAGON VANTA UN BAULE DI ENORME CAPACITÀ PERFETTAMENTE INTEGRATO NELLA SCOCCA (CON TANTO DI LUCE DI CORTESIA INTERNA). CON UNA POSIZIONE DI GUIDA PARTICOLARMENTE AZZECCATA CHE PERMETTE DI SPOSTARE I PIEDI LUNGO TUTTA LA PEDANA E CON UNA CONFORTEVOLISSIMA E ABBONDANTE SELLA IL COMFORT SI TROVA AI VERTICI DELLA CATEGORIA. DA NOTARE CHE, RISPETTO AD ALTRI "SCOOTERONI" L'HEXAGON HA UN PASSO PIÙ CONTENUTO E NON PERDE DI MANEGGEVOLEZZA NEPPURE NEL TRAFFICO PIÙ INTENSO. DISPONIBILE ANCHE NELLA VERSIONE 250 A 4 TEMPI.

125 ET 4

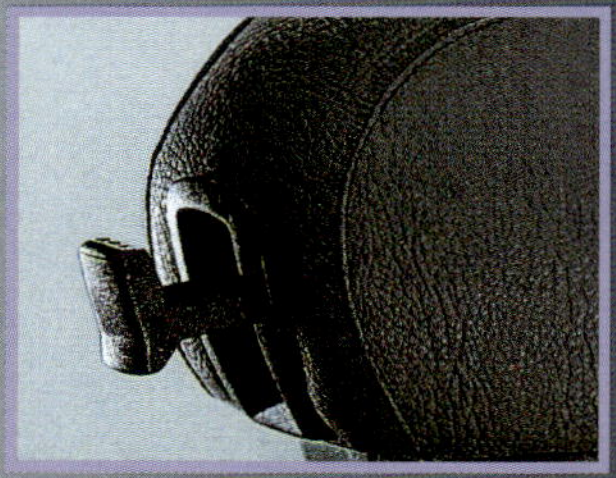

Nasce nel 1996 per festeggiare i primi 50 anni della Vespa. La Piaggio non avrebbe potuto fare un regalo più bello ai suoi tanti ammiratori, che da sempre sognavano uno scooter con la scocca in metallo tra tante proposte in plastica. Il risultato è eccezionale, si è riusciti a creare una nuova ed attualissima Vespa (con tanto di cambio automatico, motore 4 tempi e freno a disco) ma senza dimenticare il passato che si riscontra in molti particolari. Non ultimo, la scritta in caratteri corsivi che fa bella figura sullo scudo anteriore.

Motore: monocilindrico orizzontale quattro tempi, cilindrata 124.2 cc, potenza 12 CV a 7750 giri, carburatore Dell'Orto da 24 mm, cambio automatico, benzina senza piombo, velocità massima 95 Km/h.

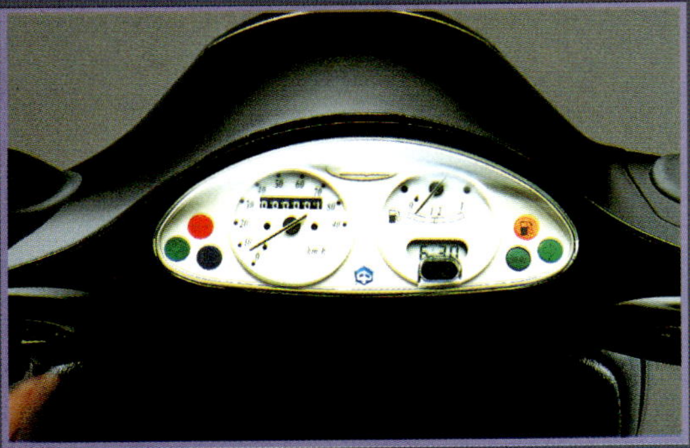

Motore: monocilindrico orizzontale due tempi, cilindrata 49.3 cc, potenza 4.5 CV a 5700 giri, carburatore Dell'Orto da 11 mm oppure iniezione diretta (FAST), cambio automatico, lubrificazione separata, velocità massima 45 Km/h.

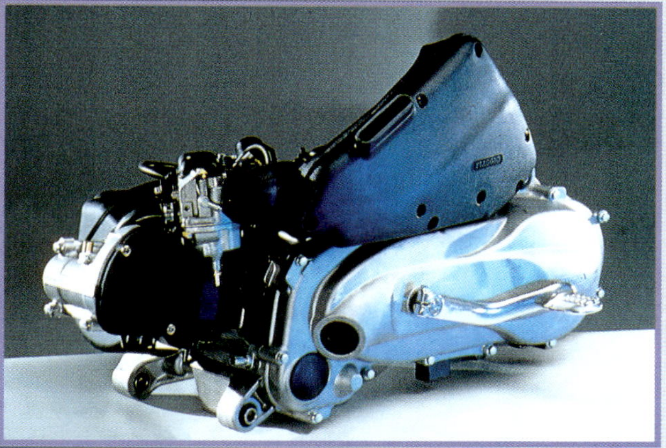

50 ET 2

Nasce nel 1996 immediatamente dopo la sorella maggiore ET4, ma al contrario di questa mantiene il propulsore a 2 tempi. Per ridurre le emissioni inquinanti viene però proposta anche nella versione **FAST** che vanta l'alimentazione con iniezione elettronica al posto del carburatore, una vera primizia in quegli anni (nell'immagine in alto, il motore). Rimangono così inalterati i pregi del 2 tempi (leggerezza, prestazioni) senza mantenerne i difetti (consumo ed inquinamento).

GILERA 125 RUNNER

Metà moto e metà scooter, il Runner rappresenta una proposta davvero innovativa. Si sale in sella scavalcando il corpo centrale come nelle moto ma le ruote di piccole dimensioni consentono l'agilità dello scooter. La guida risulta particolarmente precisa, un fattore che non è sfuggito ai giovani più sportivi, che hanno a disposizione la versione 50. E i maggiorenni davvero incontentabili si possono scatenare con la versione 180.

Motore: monocilindrico orizzontale due tempi, cilindrata 123.5 cc, potenza 15 CV a 7500 giri, carburatore Mikuni 20 mm, cambio automatico, lubrificazione separata, velocità massima 105 Km/h.

Peperino

PRESENTATO AL SALONE DI MONACO DELL'AUTUNNO 1998, IL PEPERINO RAPPRESENTA UN INTERESSANTE PROTOTIPO. ACCANTO A SOLUZIONI TECNICHE CHE SI RICHIAMANO ALLA VESPA (COME LA SOSPENSIONE ANTERIORE A BIELLETTA CON RUOTA TIRATA) COMPAIONO ARDITISSIME FORME ESTETICHE CHE PRESENTANO UN FRONTALE PARTICOLARMENTE IMPORTANTE. MA L'ELEMENTO CARATTERIZZANTE È CERTAMENTE IL TELAIO, CHE VANTA UNA RAFFINATISSIMA STRUTTURA IN ALLUMINIO PRESSOFUSO.

I miti

Che ci fanno i modelli di Vespa ET4 adagiati su lenzuola rosa, immersi nella fontana di Trevi o a spasso sulla Luna? Niente.

Niente di normale, ovviamente. Semplicemente, sottolineano nella pubblicità Piaggio della fine anni Novanta il richiamo ai miti degli anni Cinquanta e Sessanta. Le lenzuola riportano alla immagine del primo calendario di Marilyn Monroe degli anni cinquanta. Anni sessanta per la fontana di Trevi della "Dolce vita" di Federico Fellini. E anni Settanta per le straordinarie escursioni sulla Luna, a partire dal mitico arrivo del 1969.

Finito di stampare presso le
Arti Grafiche D'Auria di Ascoli Piceno
nel mese di Agosto 1999